建筑与市政工程施工现场专业人员继续教育教材

施工现场安全检查

中国建设教育协会继续教育委员会　组织编写

宋志刚　邓铭庭　主编

中国建筑工业出版社

图书在版编目（CIP）数据

施工现场安全检查/中国建设教育协会继续教育委员会组织编写. —北京：中国建筑工业出版社，2016.4

（建筑与市政工程施工现场专业人员继续教育教材）

ISBN 978-7-112-19057-7

Ⅰ.①施…　Ⅱ.①中…　Ⅲ.①建筑工程-施工现场-安全管理-继续教育-教材　Ⅳ.①TU714

中国版本图书馆 CIP 数据核字（2016）第 024904 号

本书讲解了施工现场安全检查相关的知识，旨在推广先进的施工现场安全检查具体措施以及经验，有力的帮助读者建立相关概念，以熟悉未来工作条件的变化。本书的主要内容包括：安全管理与文明施工、脚手架及钢管支架、高处作业吊篮、基坑工程、模板支架、高处作业、施工用电、起重机械与垂直运输机械以及施工机具。

本书可用作建筑与市政工程施工现场专业人员继续教育用书，也可供相关技术人员参考使用。

责任编辑：朱首明　李　明　李　阳　赵云波
责任设计：李志立
责任校对：张　颖　赵　颖

建筑与市政工程施工现场专业人员继续教育教材
施工现场安全检查
中国建设教育协会继续教育委员会　组织编写
宋志刚　邓铭庭　主编

*

中国建筑工业出版社出版、发行（北京西郊百万庄）
各地新华书店、建筑书店经销
北京红光制版公司制版
北京圣夫亚美印刷有限公司印刷

*

开本：787×1092 毫米　1/16　印张：10　字数：250 千字
2016 年 3 月第一版　2016 年 5 月第二次印刷
定价：**28.00** 元
ISBN 978-7-112-19057-7
（28320）

建筑与市政工程施工现场专业
人员继续教育教材
编审委员会

主　任： 沈元勤

副主任： 艾伟杰　李　明

委　员： （按姓氏笔画为序）

参编单位：

中建一局培训中心

北京建工培训中心

山东省建筑科学研究院

哈尔滨工业大学

河北工业大学

河北建筑工程学院

上海建峰职业技术学院

杭州建工集团有限责任公司

浙江赐泽标准技术咨询有限公司

浙江铭轩建筑工程有限公司

华恒建设集团有限公司

序

  建筑与市政工程施工现场专业人员队伍素质是影响工程质量、安全、进度的关键因素。我国从 20 世纪 80 年代开始，在建设行业开展关键岗位培训考核和持证上岗工作，对于提高建设行业从业人员的素质起到了积极的作用。进入 21 世纪，在改革行政审批制度和转变政府职能的背景下，建设行业教育主管部门转变行业人才工作思路，积极规划和组织职业标准的研发。在住房和城乡建设部人事司的主持下，由中国建设教育协会主编了建设行业的第一部职业标准——《建筑与市政工程施工现场专业人员职业标准》JGJ/T 250—2011，于 2012 年 1 月 1 日起实施。为推动该标准的贯彻落实，中国建设教育协会组织有关专家编写了考核评价大纲、标准培训教材和配套习题集。

  随着时代的发展，建筑技术日新月异，为了让从业人员跟上时代的发展要求，使他们的从业有后继动力，就要在行业内建立终身学习制度。为此，为了满足建设行业现场专业人员继续教育培训工作的需要，继续教育委员会组织业内专家，按照《标准》中对从业人员能力的要求，结合行业发展的需求，编写了《建筑与市政工程施工现场专业人员继续教育培训教材》。

  本套教材作者均为长期从事技术工作和培训工作的业内专家，主要内容都经过反复筛选，特别注意满足企业用人需求，加强专业人员岗位实操能力。编写时均以企业岗位实际需求为出发点，按照简洁、实用的原则，精选热点专题，突出能力提升，能在有限的学时内满足现场专业人员继续教育培训的需求。我们还邀请专家为通用教材录制了视频课程，以方便大家学习。

  由于时间仓促，教材编写过程中难免存在不足，我们恳请使用本套教材的培训机构、教师和广大学员多提宝贵意见，以便我们今后进一步修订，使其不断完善。

中国建设教育协会继续教育委员会

2015 年 12 月

前　　言

随着社会的进步，经济的发展，建筑与市政工程建设的要求也越来越高，对施工安全也提出了更高的要求。施工安全检查是保障施工安全的前提条件，施工单位在施工中必须完善管理制度，提高从业人员的安全意识和业务技能，及时发现不安全因素，消除安全隐患，推进施工进度，促进工程的顺利完工。施工安全检查就是通过排除建筑现场的事故隐患来有效提高安全系数，从而达到防止施工现场出现伤亡情况的目的。安全检查的开展是对建筑工程财产以及施工人员的安全最重要的保障措施之一。

建筑与市政施工作业较为复杂，在进行安全检查期间要根据建筑与市政施工的相关特点，采取有针对性的、经常性质的检查活动。为了确保施工现场安全检查在建筑施工中更深入推广应用，编者根据国家法律法规及有关技术规范的要求，结合实际工程管理经验编写了本书。本书共有10章，具体内容包括：概述、安全管理与文明施工、脚手架及钢管支架、高处作业吊篮、基坑工程、模板支架、高处作业、施工用电、起重机械与垂直运输机械、施工机具等。系统的介绍了施工现场检查的范围、要点及注意事项。

本书作为建筑与市政工程施工现场专业人员继续教育教材，力求使读者全面掌握施工安全检查的具体内容及相关技术要求，对施工安全生产和管理能有正确的认识，从而进一步提高我国建筑与市政施工安全管理的科学化、规范化和技术化水平。

本书由杭州建工集团有限责任公司宋志刚和杭州高新（滨江）水务有限公司邓铭庭担任主编，由浙江国丰集团有限公司汪强、浙江凯邦建设有限公司戚铁军、恒中达建筑有限公司楼春新、浙江工程建设监理公司高淑微担任副主编。

书中缺点和不足之处在所难免，希望读者批评、指正。

目　　录

第1章 概　　述

1.1　检查的目的和意义

为科学评价建筑施工现场安全生产情况，预防生产安全事故的发生，确保施工人员的安全和健康，实现安全检查评定工作的标准化，在企业管理中施工现场安全检查占有很重要的地位，它是发现和消除事故隐患、落实安全措施、预防事故发生的重要手段，也是发动群众共同搞好安全工作的一种有效形式。

施工现场安全检查是指对生产过程及安全管理中可能存在的隐患、有害与危险因素、缺陷等进行查证，以确定隐患或有害与危险因素、缺陷存在的状态，以及它们转化为事故的条件，以便制定整改措施，消除隐患和危险有害因素，确保生产安全。

施工现场安全检查就是要对工厂生产过程中影响正常生产的各种物与人的因素如机械、设备、流程等，进行深入细致地调查和研究，发现不安全因素，以求消除，安全检查的目的在于发现和消除事故隐患，也就是把可能发生的各种事故消灭在萌芽状态，做到防患于未然。通过安全检查，可以发现生产经营单位生产过程中的危险因素，以便有计划地制定纠正措施，保证生产的安全。

为了保障建筑工程施工安全和人民生命财产安全，我国颁布了一系列安全与劳动保护规章、条例、法令和安全技术规范，这些正是开展安全检查的依据和准则。在开展安全检查过程中，一般的做法都是把有关的条例和规范同企业的实际情况加以对照，总结成绩，找出差距，不断改进。由此可见，安全检查的过程，其本身就是一个结合实际宣传贯彻有关条例、规章和规范的过程。通过安全检查，广大建筑工程从业人员都能自觉遵循安全与劳动保护规章、条例、法令和安全技术规范，进一步发挥了安全监督作用。

实践经验表明，安全检查有着很重要的意义：

（1）宣传贯彻了国家有关的安全生产方针、政策，提高了从业人员对安全生产的认识，端正了态度，有利于安全管理和劳动保护工作的开展。

（2）安全检查能及时发现和清除事故隐患，及时了解施工中的职业危害，有利于制定治理规划，消除危害，保护从业人员的安全和健康。

（3）在安全检查中能及时发现先进典型，及时总结经验。安全检查是一项群众性的调查研究工作，通过安全检查能更好地摸清施工企业安全生产情况，及时发现先进典型，总结和推广他们的先进经验，促进行业健康发展。

1.2　检查的必要性

随着社会的进步，经济的发展，建筑工程建设也加快了步伐，同时对施工安全有了更高的要求，因此一定要重视施工安全检查。施工安全检查是保障施工安全的前提条件。施工单位在施工中必须完善管理制度，提高从业人员的安全意识和业务技能，及时发现不安全因素，消除安全隐患，推进施工进度，促进工程的顺利完工。

施工是按照建筑业的施工标准将设计图纸、半成品、设备等转变成工程实体的过程，而施工安全有效保证了转变过程的顺利完成。

施工安全主要包括：加强施工从业人员的思想教育、树立安全第一的观念、提高从业人员的业务技能、完善企业的管理制度、引进先进的管理方式、更新施工设备及配备完善的防护设施等。

建筑工程安全施工的特点是：建筑产品的多样性和施工条件的差异性决定了建筑工程施工没有固定的施工方案。建筑施工的季节性和人员的流动性决定了在建筑施工企业中季节工、临时工和劳务人员占相当大的比例，安全教育和培训任务重、工作量大。建筑安全技术涉及面广，包括高处作业、电气、起重、运输、机械加工和防火、防爆、防尘、防毒等多专业的安全技术。施工的流动性与施工设施、防护设施的临时性，容易使施工人员产生临时思想，忽视这些设施的质量，使安全隐患不能及时消除，以致发生事故。建筑施工行业容易发生伤亡事故的是高处坠落、起重伤害、触电、坍塌和物体打击。防止这些事故的发生是建筑施工安全的工作重点。

随着建筑工业的不断发展，对施工安全有了更新的要求：各级施工管理单位的干部和工程技术人员，必须掌握和认真执行现行的安全技术标准，各工种的工人必须熟悉本工种的安全技术操作规程。为了做到安全施工、文明施工，必须在施工前编制好施工组织设计，做好施工平面布置。一切附属设施的搭设、机械安装、运输道路、上下水道、电力网、蒸汽管道和其他临时工程的位置，都需在施工组织设计场区规划中仔细合理安排，做到既安全文明又合理使用平面和空间。按规定使用安全"三宝"（安全帽、安全带、安全网）。任何人员进入施工现场必须戴安全帽。施工现场的一切机械、电气设备、安全防护装置要齐全可靠。寒冷地区冬期施工应在施工地区附近设置有取暖设备的休息室。施工现场和职工休息处的一切取暖、保温措施，都应符合防火和安全卫生的要求。

及时对施工现场进行安全检查有助于预防事故发生，可以识别和记录危害，采取纠正措施。安全检查小组负责对安全检查进行计划、指导、报告和监控。对施工现场进行定期安全检查是职业安全健康管理程序中的一个重要组成部分。

安全检查是任何施工企业安全工作的至关重要的一环。安全检查反映了各项安全工作是否执行，执行情况如何，发现问题并提出指导性意见，要求整改部门整改，确保安全管理体系不"带病"，正常、健康地运作，是反事故的利器。通过安全检查，不仅对发现的问题进行了纠正，还可以引导和激发管理者和员工对于存在的一些问题如何整改进行讨论，集思广益，可以提出更好的方法予以改进，这又体现了体系运作的持续改进、持续发展的要求。可见安全检查的作用和意义，所以如何有效地对施工现场开展安全检查已发现问题，也显得尤其重要。

在经济建设不断发展，建筑业快速发展并发挥支柱产业作用的同时，施工中的安全问题也就成为一个突出的焦点问题，它已成为制约建筑业进一步健康发展的瓶颈。近年来，由于建筑业正处于大规模的经济建设和投资逐年快速增长时期，从业人员素质偏低，安全意识薄弱，业务技能偏低，再加上管理制度的不完善，设备设施的老化、陈旧等不良因素，造成安全事故多有发生，建筑工程安全生产形势在总体上仍然比较严峻，安全事故发生率和伤亡人数一直居高不下，严重危及建筑从业人员的人身安全和健康安全，制约了经济建设的发展。

综上所述，施工现场安全检查是施工过程中不可缺少的必要环节，必须在思想和行动上保持一致，并具体落实到实处。

第2章 安全管理与文明施工

2.1 检查范围

1. 安全管理检查范围

(1) 保证项目：安全生产责任制、施工组织设计及专项施工方案、安全技术交底、安全检查、安全教育、应急救援预案。

(2) 一般项目：分包单位安全管理、特种作业持证上岗、生产安全事故处理、安全标志。

2. 文明施工检查范围

(1) 保证项目：现场围挡、封闭管理、施工场地、材料管理、现场办公与住宿、现场防火。

(2) 一般项目：治安综合治理、公示标牌、生活设施、社区服务。

2.2 检查要点

1. 安全管理保证项目的检查要点

(1) 安全生产责任制

1) 检查安全生产责任制是否形成了"文件"，是否由企业或单位统一制定并经企业(单位) 代表大会通过，是否由企业(单位) 法人签署的文件性质的责任制，有无法令作用。

2) 工程项目部应建立以项目经理为第一责任人的各级管理人员安全生产责任制；施工现场主要检查项目部项目负责人员 (包括项目经理、项目副经理、技术负责人)、安全员、施工员、机管员、材料员、班组长、其他岗位人员等的安全生产责任制的落实情况。

3) 项目部依据公司 (分公司) 统一制定的安全生产责任制，结合项目管理人员配置及职责分工的具体情况进行了细化，需按分工责任到人，且安全生产责任制应经责任人签字确定。

4) 工程实行总承包的，应明确总分包单位之间的安全生产责任制。安全生产责任制是否覆盖了所有的部门或责任人，有无缺项现象。

5) 安全生产责任制中是否体现了安全生产、劳动保护和文明施工的相关要素。

6) 检查各级各部门管理人员执行安全生产责任制的情况。检查企业安全生产管理是否做到了纵向管理到底、横向管理到边、专管成线、群管成网。

7) 工程项目部的各工种应有相应的安全技术操作规程，一般包括：砌筑、抹灰、混凝土、木工、钢筋、机械、电气、焊割、起重司索、指挥、塔式起重机驾驶及指挥、幕墙、架子、水暖、油漆、搬运、拆除等工种。同时应将安全技术操作规程列为日常安全活动及安全教育的主要内容，并应悬挂在操作岗位前。所有参加建筑安装施工的工人需严格遵守本工种安全技术操作规程。

8）企业应按规定根据工程规模、工程危险程度、劳务施工人数对工程项目配备专职安全管理人员，并应有企业委派书。

9）对实行经济承包的工程项目，承包合同中应制定安全生产工作的具体考核指标与要求；同时签订安全协议书。

10）工程项目部应制定安全生产资金保障制度；储备安全生产所需要的费用。安全生产资金包括技术措施、安全教育培训、劳动保护、应急救援等所需费用，以及必要的安全评价、监测、论证所需费用；安全生产资金使用计划必须经财务、审计、安全和工会审核批准后执行。

11）工程项目部应根据安全生产资金保障制度，按规定编制安全生产、文明施工措施费计划，建立安措费台账，并按计划实施，按月报监理审核。

12）工程项目部应制定以伤亡事故控制、现场安全达标、文明施工为主要内容的安全生产管理目标。

13）按安全生产管理目标和项目管理人员的安全生产责任制，进行安全生产责任目标分解。

14）应建立安全生产责任制、责任目标考核制度：检查企业各级各部门是否制定并落实了安全生产第一人的责任制。在施工现场是否制定了"责任制考核办法"文件，是否严格按"责任制考核办法"文件进行了考核，是否使安全生产责任制落实到了实处。

15）按照考核制度，对项目管理人员定期进行考核。将对现场的实地检查作为责任制及责任目标考核的依据，并与经济挂钩，每月应有考核结果与记录。

（2）施工组织设计及专项施工方案

1）工程项目部在施工前应编制施工组织设计，施工组织设计应针对工程特点、施工工艺制定安全技术措施。

2）危险性较大的分部分项工程应按规定编制专项施工方案，专项施工方案应有针对性，并按有关规定进行设计计算。

3）超过一定规模危险性较大的分部分项工程，施工单位应组织专家对专项施工方案进行论证。

4）施工组织设计、专项施工方案，应由有关部门或专业技术人员审核，由施工单位技术负责人、监理单位项目总监批准。

5）工程项目部应按施工组织设计、专项施工方案组织实施。

（3）安全技术交底

1）施工负责人在分派生产任务时，应对施工作业人员（相关管理人员）进行书面安全技术交底。

2）安全技术交底应按施工工序、施工部位、施工栋号分部分项进行。

3）安全技术交底应结合施工作业特点、危险因素、施工方案和规范标准、操作规程和应急措施进行交底。

4）安全技术交底应由交底人、被交底人、监交人（专职安全员）进行签字确认，并形成书面记录。

（4）安全检查

1）工程项目部应建立安全检查制度，安全检查的类型包括：日、周、月检查，日常巡查，专项检查，季节性检查，定期检查，不定期检查，项目经理带班生产情况等，并有文字材料具体规定。安全检查应确定检查的内容、具体标准、所采用的检查表式，配备必要的检查测试工具。

2）工程项目部应依据风险控制措施的要求进行安全检查。安全检查由总承包单位项目负责人组织，分包单位项目负责人、总分包单位技术负责人、专职安全员及相关专业人员参加，对施工过程中的资源配置、人员活动、实物状态、环境条件、管理行为等每周定期进行安全检查，并填写检查记录。

3）雨季、冬季应组织季节性专项检查。

4）工程项目部对检查中发现的安全隐患应下达隐患整改通知单，责令相关单位班组定措施、定人员、定时间进行整改到位，并分类记录，作为安全隐患排查治理的依据；对检查中发现多次重复发生事故的隐患，应列入重大隐患排查治理工作，限期整改，并由相关部门组织复查。

（5）安全教育

1）工程项目部安全教育应贯穿施工全过程，施工单位应建立安全培训、教育制度，同时安排专人负责落实。

2）当施工人员入场时，工程项目部应组织进行以国家安全法律法规、企业安全制度、施工现场安全管理规定及各工种安全技术操作规程为主要内容的三级安全教育培训和考核。

3）施工作业人员变换工种或采用新技术、新工艺、新设备、新材料施工时，应先进行操作技能及安全操作知识的安全教育培训，考核合格后方可上岗操作。特种作业人员必须经安全技术理论和操作技能考核合格，依法取得建筑施工特种作业人员操作资格证书。

4）施工管理人员、专职安全生产管理人员必须经安全生产知识和管理能力考核合格，依法取得安全生产考核合格证书；技术和相关管理人员必须具备与岗位相适应的安全管理知识和能力，依法取得必要的岗位资格证书。管理人员每年培训不少于 20 小时，专职安全员每年培训不少于 40 小时。

（6）应急救援预案

1）工程项目部应针对施工管理、工程特点、环境特征进行重大危险源的辨识，组织编制应急救援预案。项目部应制定以防触电、防坍塌、防高空坠落、防物体打击、防火灾、防起重及机械伤害、防交通和中毒事故等为主要内容的应急救援预案，应具体说明：

① 潜在的事故和紧急情况；

② 应急期间的负责人和起特定作用人员的职责和权限；

③ 必要应急设备、物资、器材的配置与使用方法，如装置布置图、危险材料、工作指示和联系电话等；

④ 应急期间应急设备、物资、器材的维护和定期检测的要求，以保持其持续的适用性；

⑤ 有关人员在应急期间所采取的保护现场、组织抢救等措施的详细要求；

⑥ 人员疏散方案；

⑦ 企业与外部应急服务机构、立法部门、社区和公众的沟通；

⑧ 至关重要的记录和相应设备的保护。同时，应对施工现场易发生重大安全事故的部位、环节进行监控。

2）施工现场应成立应急救援组织，明确领导小组，设立专家库，培训、配备应急救援人员；并进行日常管理，对事故应急预案的适宜性和可操作性进行评价，及时进行修改和完善。

3）施工现场应建立应急物资保障体系，按应急救援预案要求，明确应急救援器材和设备的储存、配备的场所、数量，并定期对应急救援器材和设备进行维护和保养。

4）组织员工进行应急救援演练。

2. 安全管理一般项目的检查要点

（1）分包单位安全管理

1）总包单位应对承揽分包工程的分包单位进行资质、安全生产许可证和三类人员安全生产资格证的审查，选择合格合法的分包单位，对资格失效和手续不全的分包单位一律不准使用。

2）总包单位与分包单位签订分包合同时，应签订安全生产协议书，明确双方的安全责任；分包合同、安全生产协议书应经双方法人签字盖章，并到建设行政管理部门备案后实施。

3）分包单位应按规定建立安全组织机构，按要求配备一定数量的专职安全员。并有企业委派书，在总包项目部安全领导小组的领导下开展安全管理工作。

（2）特种作业持证上岗

1）从事建筑施工的项目经理、专职安全员和特种作业人员，应经行业主管部门培训考核合格，取得相应资格证书后上岗作业；生产经营单位不得安排无特种作业操作资格证书的人员从事特种作业。

2）项目经理、专职安全员、特种作业人员应持证上岗，并及时进行延期复审考核，到期未经复审考核的，视为无证上岗。

3）生产经营单位指派特种作业人员参加特种作业操作资格考试的，应当承担该从业人员的培训和考试费用，并可以与该从业人员签订协议约定服务期限。

4）建筑施工特种作业人员须经行业主管部门培训考核合格，取得特种作业人员操作资格证书，方可上岗从事相应作业。

（3）生产安全事故处理

1）施工现场发生安全生产事故时，施工单位应按规定及时如实报告，实行施工总承包的应由总承包企业负责上报；事故报告应当及时、准确、完整，任何单位和个人对事故不得迟报、漏报、谎报或者瞒报。事故发生后，事故现场有关人员应当立即向本单位负责人报告；单位负责人接到报告后，应当于1小时内向事故发生地县级以上人民政府安全生产监督管理部门和负有安全生产监督管理职责的有关部门报告。

2）发生各类事故均应进行登记，建立档案。

3）生产安全事故应按规定进行调查、分析、处理，制定防范措施。工地发生因公死亡事故后，事故涉及单位（建设、总包、监理、产品供应、评价认证等单位）应按规定立即成立事故"四不放过"工作小组，对生产安全事故进行调查分析，根据"四不放过"原则，制定防范事故措施。

4）应为施工作业人员办理工伤保险。

（4）安全标志

1）根据工程部位和现场设施的改变，调整安全标志设置：

① 施工单位应当在施工现场入口、施工起重机械、临时用电设施、脚手架、出入通道口、楼梯口、隧道口、基坑边沿、爆破物及有害危险气体和液体存放处等危险部位，设置明显的安全警示标志；

② 施工现场主要施工区域、危险部位、大型设施处应针对作业条件、不同施工阶段、季节气候变化，设置相应的安全警示标志；

③ 安全警示标志必须符合国家标准的有关规定。

2）施工现场应绘制安全标志布置的总平面图，当多层建筑各层标志不一致时，需按各层列表或绘制分层布置图，并根据不同施工阶段进行调整。

3）安全标志应安排专人管理，并根据工程部位、现场设施和作业条件的变化，调整安全标志的设置，安全色标应针对作业危险部位标挂，不可以全部并挂排列，流于形式。

4）施工现场应设置重大危险源公示牌，并挂在醒目位置。施工单位应确定所承建工程项目的危险性较大的分部项目工程及其重大危险源，并编制专项施工方案。

3. 文明施工保证项目的检查要点

（1）现场围挡

1）围挡应采用金属板材、砖墙等耐火性硬质材料。采用金属板材作围挡时，应设置可移动式或固定式基础，严禁使用黏土砖砌筑。

2）施工现场应设置围挡并实行封闭。

3）重点区域如市区主要路段的工地周围应设置高度不小于 2.5m 的封闭围挡。

4）一般路段的工地周围必须设置高度不小于 1.8m 的封闭围挡。

5）围挡材料应坚固、稳定、整洁、美观。

6）围挡应沿工地四周连续设置。

7）距离住宅、医院、学校等建筑物不足 5m 的施工现场，设置具有降噪功能的围挡。

8）管线工程、水利工程及非全封闭的城市道路工程、公路工程的施工现场，应当使用路栏式围挡。

（2）封闭管理

1）施工现场出入口应设置大门，大门应采用金属板材和金属型材制作，并符合强度要求。

2）大门应保持清洁、无锈痕、无破损和开启无障碍，其外侧应当书写施工单位名称，并可同时绘画企业标识或标志。

3）大门内侧应设置门卫室，应有门卫和门卫制度。并严格执行门卫制度，持工作卡进入现场。还应满足防雨、保温、照明、通信和人均 4m² 等要求。

4）施工工地内应设置车辆冲洗设施，运输车辆在除泥、冲洗干净后，方可驶出施工工地。

（3）施工场地

1) 施工现场的主要道路及材料加工区和生活区必须进行硬化处理。

2) 现场道路应畅通,路面应平整坚实;现场车辆通行的道路应采用混凝土铺设;其他道路和场地可采用混凝土、碎石或其他硬质材料进行硬化处理,其宽度应能满足施工及消防等要求。

3) 现场作业、运输、存放材料等采取的防尘措施应齐全、合理;对现场易产生扬尘污染的裸露地面及存放的土方等,应采取合理、严密的防尘措施。工地内留用的渣土、场地内的裸土,应采取播撒草籽简易绿化、覆罩防尘纱网或新型固封工艺等措施。

4) 办公(生活)区及施工现场应设置良好的排水系统,在确保设施齐全的基础上,还要保持疏通便利、排水通畅,且现场无积水。

5) 设置围挡的工地,应设置具有三级沉淀功能的沉淀池,应有防止泥浆、污水、废水外流或堵塞下水道和排水河道的措施,切记严禁将泥浆或泥浆水直接排入城市管网和河道。

6) 应设置吸烟处,禁止随意吸烟;吸烟点应配置相应的灭火设施。

7) 温暖季节应有绿化布置。

(4) 材料管理

1) 建筑材料、构件、料具应按总平面布局进行码放。施工现场应按照平面布置图设置各类区域。

2) 材料布局应合理,堆放整齐,稳定牢固,堆放高度应符合规定。各类建材应按规定设置标牌(标明名称、规格等)。

3) 建筑物内施工垃圾的清运,必须采用相应器具或管道运输,严禁随意凌空抛掷。

4) 现场存放的材料(如钢筋、水泥等),为了达到质量和环境保护的要求,应有防雨水浸泡、防锈蚀和防扬尘等措施。对易产生扬尘污染的建材或物料实施堆放、装卸、运输的,应采取遮盖、封闭等防扬尘措施。

5) 应做到工完场地清。

6) 现场易燃易爆物品必须严格管理,在使用和储存过程中采取防火、防暴晒等措施,并进行分类存放,存放的间距要合理。

(5) 现场办公与住宿

1) 工地在施工过程中、伙房、库房不得兼作宿舍。

2) 搭建办公(生活)区临时用房的,应使用砖墙房或定型轻钢材质活动房,临时用房应满足牢固、美观、保温、防火、通风、疏散等要求,屋顶材料禁止使用石棉瓦。活动房搭设不得超过 2 层,否则搭设方案需经专家评审。

3) 施工作业区、材料存放区与办公区、生活区应划分清晰,并采取相应的隔离措施。如因现场狭小,不能达到安全距离的要求,必须对办公区、生活区采取可靠的防护措施。

4) 工地设置的员工宿舍,必须设置可开启式窗户;宿舍内必须设置床铺且不得超过 2 层,严禁使用通铺,室内通道宽度不得小于 0.9m,宿舍内净高度不应小于 2.7m,宿舍内住宿人员人均面积不应不小于 2.5m²。每间宿舍居住人员不得超过 16 人。

5) 冬季宿舍内应有保暖和防煤气中毒措施、夏季应有防暑降温和防蚊蝇措施(如:宿舍内应安装电扇,并配置每人 1 张标准单人床、1 个储物柜和其他生活需用设施)。生活用品摆放整齐,环境卫生应良好。宿舍内严禁设置通铺和使用各类电加热器,严禁在建筑物内地下室安排人员住宿、办公。

（6）现场防火

1）施工现场应建立消防安全管理制度，制定消防措施。

2）施工现场临时用房和作业场所的防火设计应符合规定要求，包括：办公用房、宿舍、厨房操作间、食堂、锅炉房、库房、变配电房、围挡、大门、材料堆场及加工场、固定动火作业场、作业棚、机具棚等设施。

3）施工现场应设置消防通道、消防水源，并应符合相关规范要求。施工现场灭火器材应保证可靠有效，布局、配置应合理；易燃材料不得随意码放。

4）现场木料、保温材料、安全网等易燃材料必须实行入库、合理存放，并配备相应、有效、足够的消防器材，高层建筑必须有消防水源，确保满足消防要求。

5）为了保证现场安全，明火作业前必须履行动火审批程序，且有动火监护人员。经监护和主管人员确认、同意，消防设施到位后，方可施工。

4. 文明施工一般项目的检查要点

（1）治安综合治理

项目部生活区应设置供作业人员学习和娱乐的场所，施工现场应建立治安保卫制度，责任分解落实到人，施工现场应制定治安防范措施，防止发生失窃事件等。

（2）公示标牌

1）大门口处应设置公示标牌，即"五牌一图"。"五牌"指：安全警示牌、治安消防须知牌（人员控制、治安规定、消防要求等）、安全生产六大纪律牌、文明施工纪律牌、务工人员维权须知牌。"一图"即：施工现场平面布置图（地理位置、场容布置、网格责任划分，要用彩色标明）。

2）标牌应规范、整齐、统一，施工现场应设置现行适时的安全标语，应有宣传栏、读报栏、黑板报。

（3）生活设施

1）必须保证现场人员卫生饮水。

2）食堂应设置在远离厕所、垃圾站、有毒有害场所等污染源的地方；其间距必须大于15m，并应设置在上述场所的上风侧（地区主导风向）。

3）施工单位开设食堂的，食堂必须有卫生许可证，炊事人员必须持身体健康证上岗，并严格遵守食品卫生管理的有关规定。

4）食堂的卫生环境应良好，应设专人进行管理和消毒。配备必要的设施：门扇下方设防鼠挡板，操作间设清洗池、消毒池、隔油池、排风、防蚊蝇等设施，储藏间应配有冰柜等冷藏设施，防止食物变质。

5）食堂使用的燃气罐应单独设置存放间，存放间应通风良好并严禁存放其他物品。

6）厕所内的设施数量和布局应满足现场人员的需求即符合规范要求，高层建筑或作业面积大的场地应设置临时性厕所，并由专人及时进行清理。厕所必须符合卫生要求。

7）现场应有淋浴室，且能满足现场人员需求；淋浴室与人员的比例宜大于1：20。

8）现场应针对生活垃圾建立卫生责任制，使用要合理，生活垃圾应装入密闭式容器内，建筑垃圾应集中、分类堆放，并及时清理。

（4）社区服务

1）应建立施工不扰民措施，加强对施工现场木工房、钢筋棚、搅拌机房搭设前方案的审批，以及搭设时的检查、搭设后的验收，严禁发生噪声、粉尘扰民现象。

2）未经审批备案的，各施工工地禁止夜间施工。获准夜间施工的，施工单位应在施工铭牌中的告示栏内张贴告示，并书面告知施工所在地居委会。夜间施工严禁进行捶打、敲击和锯割等易产生高噪声的作业。

3）施工现场严禁焚烧各类废弃物；施工现场产生的危险废弃物应按规定清理、收集、处置。

4）施工活动泛指：施工、拆除、清理、运输机装卸的动态作业活动，在动态作业活动中施工现场应有防粉尘、防噪声、防光污染措施。

5）施工现场地面夜间照明，其灯光照射的水平面应下斜，下斜角度不应小于 20°；各楼层施工作业面照明，其灯光照射的水平面应下斜，下斜角度不应小于 30°。

6）对容易产生扬尘污染的建材或物料实施堆放、装卸、运输的，应采取遮盖、封闭等防扬尘措施。

2.3　注意事项

1. 安全管理在安全检查中的注意事项

（1）安全生产责任制

1）各企业各部门要注意制定安全生产责任制，特别是施工现场项目部制定的安全生产责任制。

2）注意安全生产责任制必须经责任人签字。

3）注意必须制定各工种安全技术操作规程。

4）工程项目部承包合同中必须明确安全生产考核指标。

5）施工现场是否按规定设置了兼职安全员。

6）施工单位及工程项目部要明确制定各工种安全技术操作规程。

7）注意制定安全资金保障制度，编制安全资金使用计划及具体实施措施。

8）制定伤亡控制、安全达标、文明施工管理目标。

9）注意进行安全生产责任目标分解，建立安全生产责任制、责任目标考核制度。

10）注意要按考核制度对人员进行定期考核。

（2）施工组织设计及专项施工方案

1）总包单位、分包单位编制的施工组织设计，注意查看施工组织设计中有无安全措施。

2）危险性较大的分部分项工程要编制专项施工方案。

3）注意对于超过一定规模的危险性较大的分部分项工程的专项施工方案，要组织专家进行论证。

4）施工组织设计、专项施工方案的审批手续必须齐全，审批人的资格要符合规定。

5）注意检查施工现场的安全技术措施（专项施工方案）是否与工程实际脱节，是否有针对性或缺少设计计算。

6）注意查看施工现场的安全技术措施资金投入台账和相关方案与记录，并与施工现场实际逐项核对，查看所制定的安全技术措施（施工组织设计、专项施工方案）是否在现场得到全面、有效地落实。

（3）安全技术交底

1）注意分部分项工程和现场临时设施要有安全技术交底资料，并与施工现场实际核对。

2）注意施工现场安全技术措施要按分部分项进行交底。

3）施工现场的安全技术措施（专项施工方案）交底内容与施工现场对比，查看其是否全面或有针对性。

4）分部分项工程和临时设施安全技术交底记录，注意查看是否履行了签字手续，且手续和签字人员是否符合有关规定。

（4）安全检查

1）施工单位的安全生产规章制度内容，注意查看是否含有定期进行安全检查制度的规定；检查项目是否有定期自检（安全检查）制度。

2）注意施工现场安全检查记录，查看其真实性。

3）事故隐患的整改要做到定人、定时间、定措施。

4）检查重大事故隐患整改通知书所列项目，并在施工现场进行考核，注意查看是否如期整改完毕，是否验证了其整改效果。

（5）安全教育

1）注意施工单位和工程项目部的安全教育制度是否齐全，是否符合有关规定。

2）施工单位、工区（分公司或处等）、班组对新入厂工人的三级安全教育考核记录。企业体制改革后，安全教育的重点落在工程项目部，"三级"安全教育实际上是"四级"安全教育，应把检查重点放在工程项目部和班组上。检查时可对现场施工管理人员及安全专（兼）职人员进行了解，并抽查作业人员对安全操作规程的掌握情况。

3）注意平时的安全教育记录，查看是否有具体、针对性强的安全教育内容，安全教育记录是否齐全。

4）注意查看变换工种的工人在调换工种时重新进行安全教育的记录；检查时可对现场施工管理人员及安全专（兼）职人员进行了解，并抽查作业人员对安全操作规程的掌握情况。

5）施工现场的操作工人，注意查看每个人是否都掌握了本工种的安全技术操作规程。

6）各级建设行政管理部门的有关文件、企业安全生产管理文件和施工管理人员年度培训记录，查看是否制定了职工安全教育年度培训计划，施工管理人员是否进行了年度培训。

7）施工现场专职安全员年度培训考核记录，注意查看专职安全员是否进行了年度培训以及考核是否合格，是否有考核不合格而任职的现象。

（6）应急救援预案

1）注意查看应急救援预案的制定、审批工作是否落实到位。

2）是否建立应急救援组织及配备救援人员。

3）注意要定期进行应急救援演练。

4）注意要配置应急救援器材和设备。

（7）分包单位安全管理

1）分包单位资质、资格、分包手续、分包合同、安全协议书签字盖章原件等是否齐全。

2）注意查看分包单位安全组织、安全员人数及委派书。

（8）特种作业持证上岗

1）注意现场的特殊工种工人的培训证，查看是否有未经培训从事特种作业的。

2）注意检查特种作业工人上岗操作证，查看是否有未持证上岗者或持过期上岗证上岗者。

（9）生产安全事故处理

1）注意工程项目部工伤事故书面报告、"四不放过"的措施，查看是否符合检查要点的要求。

2）生产安全事故是否按规定报告。

3）生产安全事故是否按规定进行调查、分析、处理，并制定防范措施。

4）注意核对保险办理情况，查看是否为施工人员办理保险。

5）注意施工现场是否建立了工伤事故档案，查看其内容是否符合有关规定。

（10）安全标志

1）注意施工现场是否有安全标志总平面图，查看总平面图是否按基础施工阶段、主体结构施工阶段、装饰装修施工阶段分别绘制。

2）注意查看施工现场所有的安全标志是否按安全标志总平面图的设计进行布置。

2. 文明施工在安全检查中的注意事项

（1）现场围挡

1）注意市区主要路段的工地是否设置封闭围挡，查看工地周围设置的围挡是否高于 2.5m。

2）注意查看一般路段的工地周围设置的围挡是否高于 1.8m。

3）注意查看现场围挡材料是否满足坚固、稳定、整洁、美观的要求。

（2）封闭管理

1）注意查看施工现场进出口有无大门。

2）注意施工现场必须设置门卫及门卫制度。

3）进入施工现场的工作人员、管理人员需佩戴工作卡以示证明身份，工作卡佩戴要整齐。

4）门头的设置要体现企业的特点。

（3）施工场地

1）注意施工现场主要路段及材料加工区地面要进行硬化处理。

2）施工现场道路要保持通畅，路面平整坚实。

3）注意施工现场的防尘措施。

4）注意施工现场是否有排水设施，排水是否畅通，工地有无积水现象。

5）注意施工现场要设置防止泥浆水、污水、废水外流或堵塞下水道和排水河道的措施。

6）注意施工现场要设置吸烟处，不得随意吸烟。

7）注意工地现场温暖季节需有绿化布置。

（4）材料管理

1）注意建筑材料、构件、料具要按总平面布局码放。

2）注意现场建筑垃圾等材料的堆放要整齐，要标注名称、品种。

3）注意现场易燃易爆物品要分类存放。

（5）现场办公与住宿

1）注意施工作业区、材料存放区与办公区、生活区要采取隔离措施。

2）注意宿舍、办公用房防火等级要符合有关消防安全技术规范的要求。

3）在施工过程中，伙房、库房不能兼作宿舍。

4）注意宿舍要设置可开启窗户。

5）宿舍必须设置床铺，床铺不能超过2层且通道宽度不能小于0.9m。

6）宿舍人均面积或人员数量要符合规范要求。

7）冬季宿舍内要采取采暖和防一氧化碳中毒措施。

8）注意夏季宿舍要有防暑降温和防蚊虫叮咬措施。

9）注意生活用品需摆放整齐，环境卫生需符合要求。

（6）现场防火

1）注意施工现场要制定消防安全管理制度及消防措施。

2）注意施工现场的临时用房和作业场所要符合规范要求。

3）注意施工现场消防通道、消防水源的设置要符合规范要求。

4）注意施工现场灭火器材要设置合理，灭火器材不能失效。

5）注意办理动火审批手续，制定动火制度，且指定动火监护人。

（7）治安综合治理

1）注意生活区要设置作业人员学习和娱乐的场所。

2）注意施工现场要建立治安保卫制度且责任要分解到人。

3）注意施工现场要制定治安防护措施，防止失窃事件的发生。

（8）公示标牌

1）注意施工现场标牌要规范、整齐。

2）大门口处设置的公示标牌内容要齐全。

3）注意现场要设置安全标语。

4）现场要有宣传栏、读报栏、黑板报等。

（9）生活设施

1）注意必须建立卫生责任制度。

2）注意食堂与厕所、垃圾站、有毒有害场所的距离要符合规范要求。

3）食堂要办理卫生许可证及办理炊事人员健康证。

4）食堂使用的燃气罐要单独设置存放间且存放间通风条件要良好。

5）注意食堂一定要配备排风、冷藏、消毒、防鼠、防蚊蝇等设施。

6）厕所内的设施数量和布局要符合规范要求。

7）厕所卫生要达到规定要求。

8）注意要保证现场人员卫生饮水。

9）注意施工现场要设置淋浴室，且数量要满足现场人员需求。

10）生活垃圾要装在容器内，且要注意及时清理。

（10）社区服务

1）施工现场应制定防尘、防噪声措施。

2）注意没有相关部门的许可函，不能在夜间施工。

3）注意施工现场不能焚烧有毒、有害物质。

4）注意施工现场要建立施工不扰民措施，建立相关的工作记录。

第 3 章　脚手架及钢管支架

3.1　扣件式钢管脚手架

3.1.1　检查范围

扣件式钢管脚手架的检查范围包括:

(1) 保证项目:施工方案、立杆基础、架体与建筑结构拉结、杆件间距与剪刀撑、脚手板与防护栏杆、交底与验收。

(2) 一般项目:横向水平杆设置、杆件连接、层间防护、构配件材质、通道。

3.1.2　检查要点

1. 扣件式钢管脚手架保证项目的检查要点

(1) 施工方案

1) 架体搭设应编制专项施工方案,结构设计应进行设计计算,并按规定进行审核、审批。

2) 当架体搭设高度超过规范允许高度时,应组织专家对专项施工方案进行论证。如搭设高度超过 50m 的脚手架时,施工单位应组织专家对专项方案进行论证、审查。实行施工总承包的,由施工总承包单位组织召开专家论证会,并形成书面的专家组审查意见。施工单位根据专家组的认证报告,对专项施工方案进行修改完善,并经施工单位技术负责人批准签字后组织实施。

3) 施工方案应完整,能正确指导施工作业。脚手架工程施工前,应由项目技术负责人组织相关专业技术人员,结合工程实际,编制脚手架专项施工方案,基础、连墙件应经设计计算,并经施工企业技术负责人、监理单位总监理工程师签字审批后方可实施。专项施工方案应突出工程施工特点,有针对性,内容应包括:编制说明及依据、工程概况、施工计划、施工工艺技术、施工安全保证措施、劳动力计划、计算书及图纸。

(2) 立杆基础

1) 立杆基础应按方案要求进行平整、夯实,并应采取排水措施,立杆底部设置的垫板、底座应符合规范要求。

2) 搭设场地应把杂物清理干净,并平整场地,保证排水畅通。当脚手架基础下有设备基础、管沟时,在脚手架使用过程中不应开挖,否则必须采取加固措施。脚手架底座底面标高宜高于自然地坪 50~100mm。脚手架基础经验收合格后,应按施工组织设计的要求放线定位。

3) 脚手架必须设置纵、横向扫地杆。

4) 纵向扫地杆应采用直角扣件固定在紧靠纵向扫地杆下方的立杆上。脚手架立杆基础不在同一高度上时，必须将高处的纵向扫地杆向低处延长 2 跨与立杆固定，高低差不应大于 1m。靠边坡上方的立杆轴线到边坡的距离不应小于 500mm。

5）底座、垫板均应准确地放在定位线上；垫板可采用长度不少于 2 跨、宽度不小于 150mm、厚度不小于 50mm 的木垫板或仰铺 12～16 号槽钢，并应中心承载。

6）架体应在距立杆底端高度不大于 200mm 处设置纵、横向扫地杆，并应用直角扣件固定在立杆上，横向扫地杆应设置在纵向扫地杆的下方。

（3）架体与建筑结构拉结

1）架体与建筑结构拉结应符合规范要求，脚手架连墙件的位置、数量应按专项施工方案确定。

2）靠近主节点设置，偏离主节点的距离不应大于 300mm。

3）连墙件应从架体第一步纵向水平杆处开始设置，当该处设置有困难时应采取其他可靠措施固定。应优先采用菱形布置，或采用方形、矩形布置。开口型脚手架的两端必须设置连墙件，连墙件的垂直间距不应大于建筑物的层高，并且不应大于 4m。

4）连墙件必须采用可承受拉力和压力的构造。搭设高度超过 24m 的双排脚手架应采用刚性连墙件与建筑结构可靠连接。当脚手架下部暂不能设连墙件时应采取防倾覆措施。当搭设抛撑时，抛撑应采用通长杆件，并用旋转扣件固定在脚手架上，与地面的倾角应在 45°～60°之间。连接点中心至主节点的距离不应大于 300mm。抛撑在连墙件搭设后方可拆除。

（4）杆件间距与剪刀撑

1）架体立杆、纵向水平杆、横向水平杆间距应符合规范要求。常用密目式安全立网全封闭单、双排脚手架结构的设计尺寸，可参考《建筑施工扣件式钢管脚手架安全技术规范》JGJ 130—2011 的相关内容。

2）纵向剪刀撑及横向斜撑的设置应符合规范要求。高度在 24m 及以上的双排脚手架应在外侧立面连续设置剪刀撑；高度在 24m 以下的单、双排脚手架，均必须在外侧立面两端、转角及中间间隔不超过 15m 的立面上各设置 1 道剪刀撑，并应由底至顶连续设置；每道剪刀撑跨越立杆的根数宜按规定确定；每道剪刀撑宽度不应小于 4 跨，且不应小于 6m，斜杆与地面的倾角宜在 45°～60°之间。

3）双排脚手架应设剪刀撑与横向斜撑，单排脚手架应设剪刀撑。

4）剪刀撑杆件接长、剪刀撑斜杆与架体杆件连接应符合相关规范要求。剪刀撑斜杆的接长应采用搭接或对接，剪刀撑斜杆应用旋转扣件固定在与之相交的横向水平杆的伸出端或立杆上，旋转扣件中心线至主节点的距离不应大于 150mm。

（5）脚手板与防护栏杆

1）脚手板材质、规格应符合规范要求，铺板应严密、牢靠。

2）冲压钢脚手板、木脚手板、竹串片脚手板等，应设置在 3 根横向水平杆上。当脚手板长度小于 2m 时可采用 2 根横向水平杆支撑，但应将脚手板两端与横向水平杆可靠固定，以防倾翻。脚手板的铺设应采用对接平铺或搭接铺设。竹笆脚手板应按其主竹筋垂直于纵向水平杆方向铺设，且应对接平铺，4 个角应用直径不小于 1.2mm 的镀锌钢丝固定在纵向水平杆上。

3）架体外侧应封闭密目式安全网，网间应严密。单、双排脚手架及悬梁式脚手架沿墙体外围应用密目式安全网全封闭，密目式安全网宜设置在脚手架外立杆的内侧，并应与架体结扎牢固。

4）作业层应按要求在 1.2m 和 0.6m 处设置上、中两道防护栏杆，栏杆和挡脚板均应搭设在外立杆的内侧。

5）作业层外侧应设置高度不小于 180mm 的挡脚板。作业层端部脚手板探头长度应取 150mm，其板的两端均应固定于支撑杆件上。

（6）交底与验收

1）架体搭设前应进行安全技术交底：项目技术负责人或方案编制人应当根据专项施工方案和有关规范、标准的要求，对现场管理人员、操作班组、作业人员进行安全技术交底以及对施工详图进行说明，并做好书面交底签字手续。安全技术交底的内容应包括脚手架工程工艺、工序、作业要点和搭设安全技术要求等，并应有文字记录。

2）当架体分段搭设、分段使用时，应进行分段验收，搭设完毕应办理验收手续，验收应有量化内容，并经责任人签字确认。

3）脚手架搭设前，应由项目负责人对需要处理或加固的地基基础进行验收，并留存记录，脚手架系统的结构材料应按规定进行验收、抽检和检测，并留存记录资料，包括：

① 对进场钢管、扣件、安全网、密目网等材料的产品合格证、生产许可证、检测报告进行复核，并对其表面观感、重量等指标进行抽检。

② 对承重杆件的外观抽检数量不得低于搭设用量的 30%，发现质量严重不符合标准的，要进行 100% 的检验。

③ 对扣件螺栓的紧固力矩进行抽检，抽检数量应符合规定。

④ 脚手架搭设完成后，应由项目负责人组织进行验收并形成书面验收意见，验收人员应包括项目总承包单位和脚手架分包单位的技术、安全、质量和施工人员，监理单位的总监理工程师和专业监理工程师。验收合格，经施工单位项目技术负责人及项目总监理工程师签字后，方可进入后续工序的施工。

2. 扣件式钢管脚手架一般项目的检查要点

（1）横向水平杆设置

1）横向水平杆应设置在纵向水平杆与立杆相交的主节点上，两端应与纵向水平杆固定。

2）作业层应按铺设脚手板的需要增设横向水平杆。

3）单排脚手架横向水平杆插入墙内不应小于 180mm。单排脚手架横向水平杆的一端应用直角扣件固定在纵向水平杆上，另一端插入墙内。

（2）杆件连接

1）纵向水平杆杆件连接宜采用对接，若采用搭接，其搭接长度不应小于 1m，应等间距设置 3 个旋转扣件固定，端部扣件盖板边缘至搭接纵向水平杆杆端的距离不应小于 100mm，且固定应符合规范要求。

2）立杆除顶层顶步外，不宜采用搭接，如果采用搭接，其搭接长度不应小于 1m，应等间距设置 2 个旋转扣件固定，端部扣件盖板边缘至杆端的距离不应小于 100mm。

3）杆件对接扣件应交错布置，并要符合规范要求。

4）扣件紧固力矩不应小于 40N·m，且不应大于 65N·m。

（3）层间防护

1）架体作业层脚手板下应采用安全平网双层兜底，以下每隔 10m 应用安全平网封闭，作业层脚手板应铺设牢固、严实。

2）作业层里排架体与建筑物之间应采用脚手板或安全平网封闭，脚手板应铺满、铺稳、铺实。

3）脚手架铺设脚手板一般应至少铺设 2 层，上层为作业层，下层为防护层，当作业层脚手板下无防护层时，应尽量靠近作业层外挂一层平网作防护层，平网不应离作业层过远，以防止坠落时平网与作业层之间小横杆的伤害。

4）施工层脚手架内立杆与建筑物之间的缝隙（≥15cm）已构成落物、落人危险时，需进行封闭。

（4）构配件材质

1）钢管直径、壁厚、材质应符合规范要求，钢管应有生产许可证、产品质量合格证，应进行复试且技术性能应符合规范要求。

2）钢管弯曲、变形、锈蚀应在规范允许范围内，并应每年检查一次，不符合要求的，严禁使用。

3）脚手架搭设必须选用同一材质，当钢木不同材质混搭时，节点的传力不合理，判定为不合格脚手架，检查时不得分。严禁外径 48mm 与 51mm 的钢管混合使用。钢管严禁打孔。

4）扣件由可锻铸铁组成。扣件应进行复试且技术性能应符合规范要求，扣件应有生产许可证、产品质量合格证。当对扣件质量有怀疑时，应按现行国家标准《钢管脚手架扣件》GB 15831—2006 的规定抽样检测。

5）旧扣件使用前应进行质量检查，有裂缝变形的严禁使用，出现滑丝的螺栓必须更换；在螺栓拧紧力矩达 65N·m 时，不得发生破坏。扣件本身所具有的抗滑、抗旋转和抗拔能力均能满足实际使用要求。新旧扣件均应进行防锈处理。

（5）通道

1）架体应设置供人员上下的专用通道，通道应附着外脚手架或靠近建筑物独立设置。

2）上下脚手架的通道（斜道）不宜设在外电线路的一侧。

3）专用通道的设置应符合规范要求，通道宽度不应小于 1m，坡度不应大于 1∶3；拐弯处应设置平台，其宽度不应小于斜坡宽度，斜道两侧、平台四周均应设置栏杆及挡脚板。

4）人行并兼作材料运输的通道（斜道）的形式宜按下列要求确定：

① 高度不大于 6m 的脚手架，要采用"一"字形通道（斜道）；

② 高度大于 6m 的脚手架，要采用"之"字形通道。

3.1.3　注意事项

扣件式钢管脚手架在安全检查中的注意事项包括：

（1）施工方案

1）注意现场落地扣件式钢管脚手架需有专项施工方案，且要按规定审核批准。

2）现场脚手架搭设高度超过规范规定时，专项施工方案要按规定组织专家论证，要有设计计算书,设计计算书要经过审批。

(2)立杆基础

1)注意现场立杆基础要平整、夯实,要符合专项施工方案要求。

2)注意每根立杆下要有金属底座、垫板。底座或垫板的规格要符合规范要求。

3)注意要按规范要求设置纵、横向扫地杆,扫地杆的设置和固定也要符合规范要求。

4)注意现场脚手架基础地势较低时,要考虑排水措施。

(3)架体与建筑结构拉结

1)架体与建筑结构拉结方式和间距要符合要求。

2)注意脚手架高度在7m以上,架体与建筑结构是否进行了拉结,是否按规定要求设置了连墙件(拉结点)。

3)注意全数检查脚手架的拉结点,查看拉结是否坚固。

4)搭设高度超过24m的双排脚手架,要采用刚性连墙件与建筑结构可靠连接。

(4)杆件间距与剪刀撑

1)注意立杆、大横杆、小横杆间距是否超过了规范和施工方案要求。

2)注意要按规定设置纵向剪刀撑或横向斜撑(剪刀撑和横向斜撑设置的间距、剪刀撑和横向斜撑与地面的角度要符合规范和施工方案的要求)。

3)注意剪刀撑要沿架体高度连续设置,其角度要符合要求。

4)剪刀撑斜杆的接长或剪刀撑斜杆与架体杆件固定要符合施工方案要求。

(5)脚手板与防护栏杆

1)注意防止现场脚手板未铺满或铺设不牢、不稳。

2)脚手板规格或材质要符合规范要求。

3)脚手板架体外侧要设置密目式安全网封闭且网间连接要严密。

4)作业层防护栏杆要符合规范要求。

5)作业层要设置高度不小于180mm的挡脚板。

(6)交底与验收

1)注意检查现场脚手架搭设前是否进行了交底,且要有相关交底文字记录,交底记录的签字手续要齐全。

2)注意架体分段搭设、分段使用且要进行分段验收。

3)注意脚手架要办理验收手续,验收内容要进行量化,同时要经责任人签字确认。

(7)横向水平杆设置

1)注意要在立杆与纵向水平杆交点处设置横向水平杆。

2)注意要按脚手板铺设的需要增设横向水平杆。

3)注意查看横向水平杆是否只固定了一端。

4)注意查看单排脚手架横向水平杆插入墙内是否小于18cm。

(8)杆件连接

1)注意纵向水平杆搭接长度不能小于1m且固定要符合要求。

2)注意立杆除顶层顶步外,不宜采用搭接。

(9)层间防护

1)注意作业层要用安全平网双层兜底,且以下每隔10m都要用安全平网封闭。

2）注意作业层与建筑物之间要按规定进行封闭。

（10）构配件材质

1）注意钢管直径、壁厚、材质要符合要求。

2）注意防止钢管弯曲、变形、锈蚀严重等现象。

3）注意扣件要进行复试且技术性能要符合标准要求。

（11）通道

1）必须设置人员上下专用通道。

2）通道设置要符合要求。

3.2　悬挑式脚手架

3.2.1　检查范围

悬挑式脚手架的检查范围包括：

（1）保证项目：施工方案、悬挑钢梁、架体稳定、脚手板、荷载、交底与验收。

（2）一般项目：杆件间距、架体防护、层间防护、构配件材质。

3.2.2　检查要点

1. 悬挑式脚手架保证项目的检查要点

（1）施工方案

1）施工方案必须体现全面性、针对性、可行性、经济性、法令性和安全性的特点。施工方案中必须明确下列内容的具体要求：脚手架材质、悬挑梁及架体稳定、杆件间距、架体防护、层间防护、脚手板铺设、荷载限定、防雷接地等。

2）悬挑式脚手架应有搭设方案，标明立杆与建筑结构的连接方法，不能将外挑立杆与建筑结构以外的不稳定的物体连接。外挑立杆除必须满足间距要求外，还应按规定设置大横杆以增加立杆的刚度。

3）高层建筑物施工分段搭设的悬挑脚手架必须有设计计算书，设计计算书要经具有企业法人资格的技术负责人批准；架体结构变更必须经方案设计人员重新计算，出具有效的变更通知书。同时要经现场安全监理审查，查看是否符合工程建设强制性标准要求。

4）悬挑式脚手架架体搭设、拆除作业前，应由项目技术负责人组织相关技术专业人员，结合工程实际，编制专项施工方案和安全技术措施，结构设计应进行设计计算，并绘制施工图指导施工，并按规定进行审核、审批。经施工企业技术负责人、监理单位总监理工程师签字审批后方可实施，实施过程由专职安全生产管理人员进行现场监督。专项施工方案的内容应包括：①工程概况：悬挑式脚手架工程概况、施工平面布置、施工要求、技术保证条件；②编制依据：相关法律、法规、规范性文件、标准、规范及图纸、施工组织设计等；③施工计划：包括施工进度计划、材料及设备计划；④施工工艺技术：技术参数、工艺流程、施工方法、检查验收等；⑤施工安全保证措施：组织保障、技术措施、应急预案、监测监控等；⑥劳动力计划：专职安全员和特种作业人员的配备等；⑦计算书及相关图纸：采用型钢悬挑梁作为脚手架的支承结构时，应进行型钢悬挑梁的抗弯强度、整体稳定性和挠度计算，型钢悬挑梁锚固件及其锚固连接的强度计算，型钢悬挑梁下建筑结构的承载能力验算，纵、横向水平杆等受弯构件的强度和连接扣件的抗滑承载力计算，连墙件受力计算和立杆的稳定性计算。相关图纸应包括：悬挑式脚手架搭设平面、立面、剖面图，悬挑钢梁节点大样图，U形钢筋拉环或锚固螺栓固定构造详图，预埋件布置及其节点详图，连墙件的布置图及构造详图等。

5）当架体搭设高度超过规范允许高度时，施工单位应当组织专家对专项施工方案进行论证。重点区域内搭设脚手架的，脚手架离地高度小于 30m 的外围，应使用浅绿色不透尘网布。对脚手架使用不透尘网布的，施工单位应结合脚手架的支撑体系，对立面抗拉强度、风载等进行论证验算，通过专家论证后方可使用。根据上述规定，对架体高度 20m 及以上或使用不透尘网布的悬挑式脚手架工程，施工单位应按规定组织专家对专项施工方案进行论证评审，实行施工总承包的，由施工总承包单位组织召开专家论证会，并形成书面的专家组审查意见。施工单位根据专家组的论证报告，对专项施工方案进行修改完善，并经施工单位技术负责人、项目总监理工程师、建设单位项目负责人批准签字后组织实施。

（2）悬挑钢梁

1）钢梁截面尺寸应经设计计算确定，且截面形式应符合设计和规范要求，钢梁截面高度不应小于 160mm，型钢悬挑梁宜采用双轴对称截面的型钢，如工字钢等。

2）悬挑钢梁的悬挑长度应按设计确定，钢梁锚固端长度不应小于悬挑长度的 1.25 倍。

3）钢梁锚固处结构强度、锚固措施应符合设计和规范要求。悬挑梁尾端应将两处及以上固定于钢筋混凝土梁板结构上。锚固型钢悬挑梁的 U 形钢筋拉环或锚固螺栓直径不宜小于 16mm。型钢悬挑梁固定端应采用 2 对及以上 U 形钢筋拉环或锚固螺栓与建筑结构梁板固定，U 形钢筋拉环或锚固螺栓应预埋至混凝土梁、板底层钢筋位置，并应与混凝土梁、板底层钢筋焊接或绑扎牢固，其锚固长度应符合现行国家标准《混凝土结构设计规范》GB 50010—2010 中钢筋锚固的规定。用于锚固的 U 形钢筋拉环或锚固螺栓应采用冷弯成型；U 形钢筋拉环、锚固螺栓与型钢间隙应用钢楔或硬木楔条。

4）钢梁外端应设置钢丝绳或钢拉杆并与上层建筑结构拉结。

5）钢梁间距应按悬挑架体立杆纵距设置，每一纵距设置 1 根；型钢支撑架纵向间距与立杆纵距不相等时，应设置纵向钢梁，确保立杆上的荷载通过纵向钢梁传递到型钢支撑架及主体结构。

（3）架体稳定

1）立杆底部应与钢梁连接柱固定：型钢悬挑梁悬挑端应设置能使脚手架立杆与钢梁可靠固定的定位点，定位点离悬挑梁端部不应小于 100mm。一般在悬挑梁前端立杆位置焊接直径 25mm 的钢筋，钢筋高 150mm，立杆套于钢筋上以保持稳定。

2）承插式立杆接长应采用螺栓或销钉固定：立杆连接套管可采用铸钢套管或无缝钢管套管，采用铸钢套管形式的立杆连接套管长度不应小于 90mm，可插入长度不应小于 75mm；采用无缝钢管套管形式的立杆连接套管长度不应小于 160mm，可插入长度不应小于 100mm，套管内径与立杆钢管外径间隙不应大于 2mm。立杆与立杆连接套管应设置固定立杆连接件的防拔出销孔，销孔直径不应大于 14mm，立杆连接件直径宜为 12mm。

3）纵、横向扫地杆的设置：脚手架必须设置纵、横向扫地杆。纵向扫地杆应采用直角扣件固定在距钢管底端不大于 200mm 处的立杆上。横向扫地杆应采用直角扣件固定在紧靠纵向扫地杆下方的立杆上。脚手架立杆不在同一高度上时，必须将高处的纵向扫地杆向低处延长两跨与立杆固定，高低差不应大于 1m。靠边坡上的立杆轴线到边坡的距离不应小于 500mm。

4）剪刀撑应沿悬挑架体高度连续设置，剪刀撑的斜杆与水平面的倾角应在 45°～60° 之间；剪刀撑设置宽度不应小于 4 跨，且不应大于 6m，最大跨度不应超过 5～7 根立杆；剪刀撑在交接处必须采用旋转扣件相互连接；剪刀撑斜杆的接长应采用搭接，搭接长度不应小于 1m，并应采用不少于 2 个旋转扣件固定，端部扣件盖板的边缘至杆端距离不应小于 100mm。

5）架体应采用刚性连墙件与建筑结构拉结，设置的位置和数量应符合设计和规范要求；脚手架连墙件设置的位置、数量应按专项施工方案确定。连墙件的布置间距除应满足计算要求外，尚不应大于规范规定的 2 步 3 跨的最大间距，并靠近主节点，偏离主节点的距离不应大于 300mm；从底层第一步纵向水平杆处开始设置，设置有困难时应采用其他可靠措施固定；主体结构阳角或阴角部位，两个方向均应设置连墙件。连墙件设置点宜优先采用菱形布置，也可采用方形、矩形布置。连墙件必须采用刚性构件与主体结构可靠连接，严禁使用柔性连墙件。连墙件中的连墙杆宜与主体结构面垂直设置，当不能垂直设置时，连墙件与脚手架连接的一端不应高于主体结构连接的一端。"一"字形、开口型脚手架的端部应增设连墙件。

6）架体应按规定在内侧设置横向斜撑；对"一"字形、开口型脚手架，其脚手架端部必须设置横向斜撑，中间应每隔 6 个立杆纵距设置 1 道，同时该位置应设置连墙件，转角位置可设置横向斜撑作为加固。横向斜撑应由底至顶呈"之"字形连续布置。

（4）脚手板

1）脚手板材质、规格：脚手板可采用钢、木、竹材料制作，单块脚手板的质量不宜大于 30kg；冲压钢脚手板、木脚手板、竹脚手板的材质均应符合现行相关国家标准或行业标准的规定。木脚手板厚度不应小于 50mm，两端宜各设置直径不小于 4mm 的镀锌钢丝箍两道；竹脚手板宜采用由毛竹或楠竹制作的竹串片板、竹笆板。

2）脚手板铺设应严密、牢固，伸出横向水平杆长度不应大于 150mm。作业层脚手板应铺满、铺稳、铺实。冲压钢脚手板、木脚手板、竹脚手板等，应设置在 23 根横向水平杆上。当脚手板长度小于 2m 时，可采用 2 根横向水平杆支撑，但应将脚手板两端与横向水平杆可靠固定，严防倾翻。脚手板的铺设应采用对接平铺或搭接铺设。脚手板对接平铺时，接头处应设 2 根横向水平杆，脚手板外伸长度应取 130～150mm，2 块脚手板外伸长度的和不应大于 300mm；脚手板搭接铺设时，接头应支在横向水平杆上，搭接长度不应小于 200mm，其伸出横向水平杆的长度不应小于 100mm。竹笆脚手板应按其主竹筋垂直于纵向水平杆方向铺设，且应对接铺设，4 个角应用直径不小于 1.2mm 的镀锌钢丝固定在纵向水平杆上；作业层端部脚手板探头应取 150mm，其板的两端均应固定于支撑杆件上。

（5）荷载

1）架体上的施工荷载应均匀，并不应超过设计和规范要求。

2）施工荷载：悬挑式脚手架在使用过程中架体上的施工荷载必须符合设计要求，结构施工阶段不得超过 2 层同时作业，装修施工阶段不得超过 3 层同时作业，在一个跨距内各操作层施工均布荷载标准值总和不得超过 $6kN/m^2$，集中堆载不得超过 300kg；架体上的建筑垃圾及其他杂物应及时清理。不得将模板支架、缆风绳、泵送混凝土和砂浆的输送管等固定在架体上。

（6）交底与验收

1）交底（架体搭设前应进行安全技术交底，并应有文字记录）：悬挑式脚手架在搭设前，项目技术负责人或方案编制人应当根据专项施工方案和有关规范、标准的要求，对现场管理人员、操作班组、作业人员进行安全技术交底，并做好书面交底签字手续。

2）验收（悬挑式脚手架应按规定进行验收、抽检和检测，并留存记录资料）：

① 悬挑式脚手架从地面、楼层或墙面用立杆斜挑一般按楼层分段搭设，高层建筑采用的悬挑式脚手架也应分段搭设，架体分段搭设、分段使用时，应进行分段验收；每搭设一段均要验收。架体搭设完毕应办理验收手续，验收应有量化内容并经责任人签字确认（与施工方案应相符，填写脚手架分段验收表，验收表填写真实，签字手续齐全）。

② 悬挑式脚手架搭设完毕后，应组织有关人员按照施工方案要求进行检查验收，确认符合要求后方可投入使用；检查验收工作必须严肃认真进行，要对检查情况、整改结果填写记录内容，并有签字验收，应有量化内容。

③ 搭设前应对型钢悬挑梁的规格、尺寸及质量进行验收；对脚手架用钢管、扣件等构配件的材料按规定进行验收，包括对进场钢管、扣件和碗扣等材料的产品合格证、生产许可证、检测报告及建设工程用脚手架钢管、扣件质量保证书（行业协会印制）进行复核，并对其表面观感、重量等指标进行抽检，对进场的钢管、扣件进行见证取样检测，检测内容应包括：钢管尺寸（外径、壁厚）、抗拉、弯曲等指标，扣件的抗滑、刚度、抗破坏、抗拉等指标，对脚手架用钢管的色标标识进行检查。对 U 形钢筋拉环或锚固螺栓和设置斜拉结用吊环应预先进行隐蔽工程验收；架体搭设前还应对悬挑钢梁的固定情况进行验收，验收合格后方可搭设脚手架。悬挑式脚手架搭设完成后，应由项目负责人组织进行使用验收并形成书面验收意见，验收内容应量化，对扣件螺栓的紧固力矩进行抽检，抽检数量应符合规范的规定，抽样方式应按随机分布原则进行。验收人员应包括项目技术、安全、施工部门人员及搭设班组负责人，监理单位的总监理工程师和专业监理工程师。验收合格，经施工单位项目技术负责人及项目总监理工程师签字后，方可进入后续工序的施工。

2. 悬挑式脚手架一般项目的检查要点

（1）杆件间距

1）立杆底部应固定在钢梁处，立杆纵、横向间距及纵向水平杆步距应符合方案设计和规范要求。脚手架立杆间距和纵向水平杆步距依据连墙件、立杆横距、步距和施工荷载要求进行设置，按照规范规定进行脚手架立杆间距的设计及计算，确定脚手架搭设的立杆间距和纵向水平杆步距，脚手架底层步距均不应大于 2m。

2）作业层应按脚手板铺设的需要增加横向水平杆。横向水平杆设置：脚手架主节点（立杆与纵向水平杆交点处）必须设置 1 根横向水平杆，用直角扣件扣接且严禁拆除；作业层上非主节点处的横向水平杆，宜根据支撑脚手板的需要等间距设置，最大间距不应大于纵距的 1/2。

（2）架体防护

1）作业层防护：作业层应按规范要求设置防护栏杆、挡脚板。作业层外侧应在高度 1.2m 和 0.6m 处设置上、中两道防护栏杆；作业层外侧应设置高度不小于 180mm 的挡脚板。

2）架体外侧应采用密目式安全网封闭，网间连接应严密。悬挑式脚手架沿架体外围应采用阻燃的密目式安全网或浅绿色不透尘网布全封闭，密目网应在每 100mm×100mm 的面积内至少有 2000 个网目，密目式安全网或浅绿色不透尘网布宜设置在脚手架外立杆的内侧，并应与架体绑扎牢固，做到严密、牢固、平整、美观，其封闭高度应高出作业面 1.5m 以上。重点区域内脚手架离地高度小于 30m 的外围，应使用浅绿色不透尘网布。

（3）层间防护

1）架体作业层脚手板下应用安全平网双层兜底，脚手架作业层脚手板应铺设牢靠、严实，施工层以下每隔 10m 应用安全平网封闭。

2）架体底层应进行封闭。

3）作业层里排架体与建筑物之间应采用脚手板或安全平网封闭隔离。

4）架体底层沿建筑结构边缘在悬挑钢梁与悬梁钢梁之间应采取措施封闭；上述部位的隔离应采用不漏尘板材铺设，并用密目式安全网和小眼安全网兜过架体底部，密目式安全网和小眼安全网必须可靠地固定在架体上。

（4）构配件材质

1）型钢、钢管、构配件规格及材质应符合规范要求：悬挑式脚手架用钢管、扣件、脚手板、可调托撑等应按规范的规定和脚手架专项施工方案要求进行检查验收，不合格产品不得使用。钢管应符合现行国家标准《直缝电焊钢管》GB/T 13793—2008 或《低压流体输送用焊接钢管》GB/T 3091—2008 中规定的 Q235 普通钢管的要求，并应符合现行国家标准《碳素结构钢》GB/T 700—2006 中 Q235A 级钢的规定；钢管宜采用 ϕ48.3× 3.6mm 钢管，每根钢管的最大质量不应大于 25.8kg；扣件应符合现行国家标准《钢管脚手架扣件》GB 15831—2006 的规定，扣件在螺栓拧紧扭力矩达到 65N·m 时，不得发生破坏。

2）型钢、钢管、构配件外观质量：型钢、钢管弯曲、变形、锈蚀应在规范允许范围内；悬挑式脚手架采用的型钢使用前必须进行检查，严禁使用裂缝、变形的型钢，型钢使用前应进行防锈处理；采用的钢管不得有严重锈蚀、弯曲、压扁及裂纹，钢管上严禁打孔。旧钢管外表面锈蚀深度不得超过 0.18mm，每年应对钢管锈蚀情况至少进行一次检查，当锈蚀深度超过规定值时不得使用。扣件应进行防锈处理，使用前应逐个挑选，有裂缝、变形、螺栓出现滑丝的严禁使用。

3.2.3　注意事项

悬挑式脚手架在安全使用中的注意事项包括：

（1）施工方案

1）注意悬挑式脚手架是否编制了施工方案和设计计算书，施工方案是否符合现场条件及规范规定。

2）注意专项施工方案要按规定审核、审批。

3）注意架体搭设高度超过规范允许高度时，专项施工方案需按规定组织专家论证。

4）注意施工方案中搭设方法是否具体，是否有针对性。

（2）悬挑钢梁

1）注意钢梁截面高度要按设计确定或截面高度不应小于160mm。

2）注意钢梁固定段长度不应小于悬挑段长度的1.25倍。

3）钢梁外端要设置钢丝绳或钢拉杆与上一层建筑结构拉结。

4）注意钢梁与建筑结构锚固措施要符合规范要求。

5）注意钢梁间距要按悬挑架体立杆纵距设置。

（3）架体稳定

1）注意悬挑梁的安装要符合设计要求。

2）立杆底部与钢梁连接处要设置可靠固定措施。

3）承插式立杆接长要采取螺栓或销钉固定。

4）需在架体外侧设置连续式剪刀撑。

5）注意要按规定在架体内侧设置横向斜撑。

6）注意架体要按规定与建筑结构拉结。

（4）脚手板

1）注意脚手板规格、材质要符合要求。

2）注意查看脚手板是否满铺，铺设方法及搭接长度是否符合要求。

3）注意不允许出现探头板。

（5）荷载

1）注意架体施工荷载不允许超过设计规定。

2）注意施工荷载堆放应均匀。

（6）交底与验收

1）注意检查脚手架搭设的交底记录，查看是否组织作业人员进行了交底，是否记录了交底内容，是否办理了签字手续。

2）注意架体分段搭设、分段使用时，要办理分段验收手续。

3）架体搭设完毕要保留验收资料或记录量化的验收内容。

（7）杆件间距

1）注意立杆间距不能超过规范要求，且立杆底部要固定在钢梁上。

2）注意纵向水平杆步距是否超过规范要求。

3）注意在立杆与纵向水平杆交点处设置横向水平杆。

（8）架体防护

1）注意作业层外侧要在高度1.2m和0.6m处设置上、中两道防护栏。

2）注意脚手架的作业层要设置高度不小于180mm的挡脚板。

3）注意架体外侧需采用密目式安全网封闭且网间连接要严密。

（9）层间防护

1）注意作业层要用安全平网双层兜底，且以下每隔10m用安全平网封闭。

2）注意架体底层设置的安全平网或其他防护措施是否严密。

（10）构配件材质

1）注意型钢、钢管、构配件规格及材质是否符合规范要求。

2）注意防止型钢、钢管弯曲、变形、锈蚀严重等现象。

3.3　门式钢管脚手架

3.3.1　检查范围

门式钢管脚手架的检查范围包括：

（1）保证项目：施工方案、架体基础、架体稳定、杆件锁件、脚手板、交底与验收。

（2）一般项目：架体防护、构配件材质、荷载、通道。

3.3.2　检查要点

1. 门式钢管脚手架保证项目的检查要点

（1）施工方案

1）架体搭设应编制专项施工方案，结构设计应进行设计计算，并按规定进行审批。

2）专项施工方案应完整，能正确指导施工作业。方案编制应包括以下内容：

① 工程概况、设计依据、搭设条件、搭设方案设计；

② 搭设施工图：架体的平、立、剖面图，脚手架连墙件的布置及构造图、脚手架转角、通道口的构造图、脚手架斜梯布置及构造图，重要节点构造图；

③ 基础做法及要求；

④ 架体搭设及拆除的程序和方法；

⑤ 季节性施工措施；

⑥ 质量保证措施；

⑦ 架体搭设、使用、拆除的安全技术措施；

⑧ 设计计算书；

⑨ 悬挑式脚手架搭设方案设计；

⑩ 应急预案。

3）当架体搭设高度超过规范允许高度时，针对这些危险性较大的脚手架工程，施工单位均应组织专家对专项施工方案进行论证审查，实行施工总承包的，由施工总承包单位组织召开专家论证会，并形成书面的专家组审查意见。施工单位根据专家组的论证报告，对专项施工方案进行修改完善，并经施工单位技术负责人、项目总监理工程师、建设单位项目负责人批准签字后组织实施。超过一定规模的危险性较大的脚手架工程有：

① 搭设高度 50m 及以上落地式钢管脚手架工程；

② 提升高度 150m 及以上附着式整体和分片提升脚手架工程；

③ 架体高度 20m 及以上悬挑脚手架工程。

（2）架体基础

1）立杆基础应按方案要求平整、夯实，并采取排水措施，防止积水。

2）架体底部应设置垫板和立杆底座，并应符合规范要求：当门式脚手架搭设在楼面等建筑结构上时，门架立杆下宜铺设垫板；底座门架的立杆下端宜设置固定底座或可调底座；可调底座和可调托座的调节螺杆直径不应小于 35mm，可调底座的调节螺杆伸出长度不应大于 200mm。

3）架体扫地杆设置应符合规范要求：门式脚手架的底层门架下端应设置纵、横向通长的扫地杆。纵向扫地杆应固定在距门架立杆底端不大于 200mm 处的门架立杆上，横向扫地杆宜固定在紧靠纵向扫地杆下方的门架立杆上。在搭设前，应先在基础上弹出门架立杆位置线，垫板、底座安放位置应准确，标高应一致。

（3）架体稳定

1）架体与建筑物拉结应符合规范要求，并应从脚手架底层第一步纵向水平杆开始设置连墙件。

① 连墙件设置的位置、数量应按专项施工方案确定，并应按确定的位置设置预埋件；

② 连墙件的设置除应满足《建筑施工门式钢管脚手架安全技术规范》JGJ 128—2010 的计算要求外，尚应满足连墙件的最大间距或最大覆盖面积要求（按每根连墙件覆盖面积选择连墙件设置时，连墙件的竖向间距不应大于 6m）；

③ 在门式脚手架的转角处或开口型脚手架端部，必须增设连墙件，连墙件的垂直距离不应大于建筑物的层高，且不应大于 4m；

④ 当脚手架操作层高出相邻连墙件 2 步以上时，在连墙件安装完毕前必须采用确保脚手架稳定的临时拉结措施。

2）架体剪刀撑斜杆与地面夹角应在 45°～60°之间，应采用旋转扣件与立杆固定，剪刀撑设置应符合以下要求：

① 剪刀撑应采用旋转扣件与门架立杆扣紧；剪刀撑斜杆应采用搭接接长，搭接长度不宜小于 10m，搭接处应采用 3 个及以上旋转扣件扣紧；每道剪刀撑的宽度不应大于 6 个跨距，且不应大于 10m，也不应小于 4 个跨距，且不应小于 6m；设置连续剪刀撑的斜杆水平间距宜为 6～8m；

② 当门式脚手架搭设高度在 24m 及以下时，在脚手架的转角处、两端及中间间隔不超过 15m 的外侧立面各设置 1 道剪刀撑，并应由底至顶连续设置；

③ 当脚手架搭设高度超过 24m 时，在脚手架外侧全立面上必须设置连续剪刀撑；

④ 对于悬挑式脚手架，在脚手架外侧全立面上必须设置连续剪刀撑。

3）门架立杆的整体垂直偏差度、交叉支撑的设置均应符合规范要求。注意满堂脚手架与模板支架的交叉支撑和加固杆，在施工期间严禁拆除。

（4）杆件锁件

1）架体杆件、锁臂应按规范要求进行组装，连接门架的锁臂、挂钩必须处于锁住状态。

2）应按规范要求设置纵向水平加固杆；水平加固杆设置应符合下列要求：

① 在顶层、连墙件设置层必须设置；

② 当脚手架搭设高度小于或等于 40m 时，至少每 2 步门架应设置 1 道，当脚手架搭设高度大于 40m 时，每步门架应设置 1 道；

③ 在脚手架转角处、开口型脚手架端部的两个跨距内，每步门架应设置 1 道；

④ 悬挑式脚手架每步门架应设置 1 道；

⑤ 当脚手架每步铺设挂扣式脚手板时，至少每 4 步门架应设置 1 道，并宜在有连墙件的水平层设置；

⑥ 在纵向水平加固杆设置层应连续设置。

3）门式脚手架应在门架两侧的立杆上设置纵向水平加固杆，并应采用扣件与门架立杆扣紧。水平加固杆、剪刀撑等加固杆件必须与门架同步搭设；水平加固杆应设于门架立杆内侧，剪刀撑应设于门架立杆外侧。

4）架体使用的扣件规格应与连接杆件相匹配，加固件、连墙件等杆件与门架采用扣件连接时，应符合下列要求：

① 扣件规格应与所连接钢管的外径相匹配；

② 扣件螺栓拧紧扭力矩应为 40~65N·m；

③ 杆件端头伸出扣件盖板边缘长度不应小于 100mm。

（5）脚手板

1）脚手板材质、规格应符合规范要求。

2）脚手板应铺设严密、平整、牢固。

3）脚手架作业层应连续铺满与门架配套的挂扣式脚手板，并应有防止脚手板松动或脱落的措施。当脚手板上有孔洞时，孔洞的内切圆直径不应大于 25mm，交叉支撑、锁臂、连接棒可不受限制。脚手板、钢梯与门架相连的扣件，应有防止脱落的扣紧机构。

4）钢脚手板的挂钩必须完全扣在水平杆上，并处于锁住状态。

（6）交底与验收

1）门式脚手架搭设与拆除前，应向搭拆和使用人员进行安全技术交底，并应有文字记录。

2）当架体分段搭设、分段使用时，应进行分段验收。如门式脚手架搭设完毕或每搭设 2 个楼层高度，或每搭设 4 步高度，应分段对搭设质量及安全进行一次检查，经验收合格后方可交付使用或继续搭设。

3）搭设前，对门式脚手架或模板支架的地基与基础应进行检查，经验收合格后方可搭设。门式脚手架搭设完毕后应办理验收手续，验收应有量化内容并经责任人签字确认。

4）对以下项目要重点检验，并应记入施工验收报告：

① 构配件和加固杆规格、品种应符合设计要求，应质量合格、设备齐全、连接和挂扣紧固可靠；

② 基础应符合设计要求，应平整、坚实，底座、支垫应符合规定；

③ 门架跨距、间距应符合设计要求，搭设方法应符合《建筑施工门式钢管脚手架安全技术规范》JGJ 128—2010 的规定；

④ 连墙件设置应符合设计要求，与建筑结构、架体应连接可靠；

⑤ 加固杆的设置应符合设计和规范的要求；

⑥ 门式脚手架的通道口、转角等部位搭设应符合构造要求；

⑦ 架体垂直度及水平度应合格；

⑧ 悬挑式脚手架的悬挑支撑结构及与建筑结构的连接固定应符合设计和上海市工程建设规范《悬挑式脚手架安全技术规程》DG/TJ 08-2002-2006 的规定；

⑨ 安全网的张挂及防护栏杆的设置应齐全、牢固。

2. 门式钢管脚手架一般项目的检查要点

（1）架体防护

1）作业层应按规范要求设置防护栏杆；在外侧立杆 1.2m 和 0.6m 处设置上、中两道防护栏杆。

2）作业层外侧应设置高度不小于 180mm 的挡脚板。

3）架体外侧应使用密目式安全网进行封闭，网间连接应严密。

4）架体作业层脚手板下应用安全网双层兜底，以下每隔 10m 应用安全平网封闭。

（2）构配件材质

1）门架不应有严重的弯曲、锈蚀和开焊。

2）门架及其配件的规格、型号、材质应符合规范要求，并应有出厂合格证书及允许产品标志。门架平面外弯曲不应大于 4mm、可轻微锈蚀、立杆中间距偏差 ±5mm，其他配件弯曲不大于 3mm、无裂纹、轻微锈蚀者为合格，或按规范规定标准检验。

（3）荷载

1）架体承受的施工荷载应符合规范要求。

2）施工均布荷载、集中荷载应在设计允许范围内。结构与装修用的门式脚手架作业层上的施工均布荷载标准值，应根据实际情况确定。结构：施工均布荷载标准值不应低于 3.0kN/m²；装修：施工均布荷载标准值不应低于 2.0kN/m²。

3）当门式脚手架上同时有 2 个及以上操作层作业时，在同一个门架跨距内各操作层的施工均布荷载标准值总和不得超过 5.0kN/m²。

4）不得在脚手架上集中堆放模板、钢筋等物料。

（4）通道

1）架体应设置供人员上下的专用通道。

2）专用通道的设置应符合规范要求，作业人员上下脚手架的斜梯应采用挂扣式钢梯，并宜采用"之"字形设置，一个梯段宜跨越 2 步或 3 步门架再行转折，并应与门架挂扣牢固；钢梯应设栏杆扶手、挡脚板。

3.3.3 注意事项

门式钢管脚手架在安全检查中的注意事项包括：

（1）施工方案

1）门式钢管脚手架注意查看是否有搭设构造及节点详图和施工方案。

2）注意施工方案是否符合规范要求，是否有设计计算书或设计计算书是否经上级审核。

3）注意专项施工方案要按规定审核、审批，且架体搭设高度超过 50m 要按规定组织专家论证。

（2）架体基础

1）注意查看门式钢管脚手架架体基础是否平整、密实，且要符合专项施工方案要求。

2）注意检查架体底部要设垫板且垫板底部的规格要符合要求。

3）注意立杆下端要设置固定底座或可调底座。

4）注意底部门架下端要设置扫地杆。

5）注意设置排水措施。

（3）架体稳定

1）注意检查连墙件与墙体拉结的间距，查看是否按规定间距设置了连墙件。

2）查看门式钢管脚手架拉结做法是否牢固。

3）注意查看是否按规定设置了剪刀撑。

4）注意查看门式钢管脚手架是否按规定高度作了整体加固。

5）注意门架立杆垂直偏差是否超过规定。

（4）杆件锁件

1）注意要按说明书规定组装，防止漏装杆件、锁件扣。

2）注意按规范要求设置纵向水平加固杆。

3）注意检查脚手架组装是否牢固，紧固是否符合要求。

4）注意检查使用的扣件与连接的杆件参数是否匹配。

（5）脚手板

1）注意检查脚手板是否铺满，离墙面不得大于 10cm。

2）注意脚手板规格或材质要符合要求，脚手板铺设是否牢固、稳定。

3）注意采用钢脚手板时挂钩要挂扣在水平杆上或挂钩需处于锁住状态。

（6）交底与验收

1）脚手架搭设前要进行交底且交底要留有记录。

2）脚手架搭设完毕需办理验收手续；脚手架分段搭设、分段使用时，需办理分段验收手续。

3）注意记录量化的验收内容（包括交底日期、内容、注意事项等，交底人和接受交底人均要签字）。

（7）架体防护

1）注意作业层脚手架外侧要在 1.2m 和 0.6m 高度设置上、中两道防护栏杆。

2）作业层要设置高度不小于 180mm 的挡脚板。

3）注意查看脚手架外侧是否挂了密目式安全网，网间连接是否严密。

4）注意作业层要用安全平网双层兜底，且以下每隔 10m 需用安全平网封闭。

（8）构配件材质

1）注意检查杆件外观质量，查看是否有杆件变形、锈蚀严重的现象。

2）注意杆件焊接后不得局部开焊。

3）构配件的规格、型号、材质或产品质量要符合规范要求。

4）注意杆件锈蚀要刷防锈漆。

（9）荷载

1）施工荷载不能超过设计规定。

2）注意荷载堆放要均匀。

（10）通道

1）注意要设置人员上下专用通道。

2）注意通道设置必须符合要求。

3.4   碗扣式钢管脚手架

3.4.1   检查范围

碗扣式钢管脚手架的检查范围包括：

（1）保证项目：施工方案、架体基础、架体稳定、杆件锁件、脚手板、交底与验收。

（2）一般项目：架体防护、构配件材质、荷载、通道。

3.4.2   检查要点

1. 碗扣式钢管脚手架保证项目的检查要点

（1）施工方案

1）架体搭设应有施工方案，结构设计应进行设计计算，并按规定进行审批。

2）对超过一定规模的危险性较大的脚手架工程，施工单位均应组织专家对专项施工方案进行论证审查，实行施工总承包的，由施工总承包单位组织召开专家论证会，并形成书面的专家组审查意见。施工单位根据专家组的论证报告，对专项施工方案进行修改完善，并经施工单位技术负责人、项目总监理工程师、建设单位项目负责人批准签字后组织实施。

3）当架体搭设高度超过规范允许高度时，应组织专家对专项施工方案进行论证，并按专家论证意见组织实施；根据《建筑施工碗扣式钢管脚手架安全技术规范》JGJ 166—2008 的规定，落地碗扣式钢管脚手架当搭设高度不大于 20m 时可按普通架子常规搭设，当搭设高度大于 20m 及超高、超重、大跨度的模板支撑体系必须制定专项施工方案，并进行结构分析和计算。方案编制应当包括以下内容：

① 工程概况：说明所服务对象的主要情况，外脚手架应说明所建主体结构高度、平面形状及尺寸；模板支撑架应按平面图说明标准楼层的梁板结构；

② 编制依据：相关法律、法规、规范性文件、标准、规范及图纸（国标图集）、施工组织设计等；

③ 施工计划：包括施工进度计划、材料与设备计划；

④ 施工工艺技术：技术参数、工艺流程、施工方法、检查验收等；

⑤ 施工安全保证措施：组织保障，架体搭设、使用和拆除方法，应急预案，监测监控等；

⑥ 劳动计划：专职安全生产管理人员、特种作业人员等；

⑦ 计算书及相关图纸：荷载计算，最不利位置立杆、横杆及斜杆承载力验算，连墙件及基础强度验算，架体结构计算图（平、立、剖），各个部位斜杆的连接措施及要求，模板支撑架应绘制顶端节点构造图。

（2）架体基础

1）立杆基础应按方案要求平整、夯实，并设排水设施，保证排水畅通，不得出现地基积水现象。基础垫板、立杆底座应符合规范要求：

① 土壤地基上的立杆必须采用可调底座，地基高低差较大时，可利用立杆 0.6m 节

点位差调节；

② 架体底部基础不应发生沉陷和移位，应采用槽钢或枕木等作为承力垫板；

③ 垫板可采用长度不少于 2 跨、宽度不小于 150mm、厚度不小于 50mm 的木垫板或仰铺 12～16 号槽钢，底座的轴心线应与地面垂直；

④ 对湿陷性黄土应有防水措施，对特别重要的结构工程必须有防止架体下沉的措施。脚手架首层立杆应采用不同的长度交错布置，底部横杆（扫地杆）严禁拆除。

2）架体纵、横向扫地杆距地高度应小于 350mm。

（3）架体稳定

1）架体与建筑物拉结应符合规范要求，并应从架体底层第一步纵向水平杆开始设置连墙件；连墙杆与脚手架立面及墙体应保持垂直，每层连墙件应在同一平面，水平间距不应大于 4 跨；连墙件应采用刚性杆件，必须采用可承受拉、压荷载的刚性结构；连墙杆应设置在廊道横杆的碗扣节点处，采用钢管扣件连墙杆时，连墙杆应采用直角扣件与立杆连接，连接点距碗扣节点距离不应大于 150mm。

2）架体拉结点应牢固可靠。

3）脚手架专用斜杆设置应符合下列要求：

① 架体应沿高度方向连续设置专用斜杆或八字形斜撑；

② 专用斜杆两端应固定在纵、横向横杆的碗扣节点上；

③ 专用斜杆或八字形斜撑的设置角度应符合规范要求；

④ 脚手架高度不大于 20m 时，每隔 5 跨设置 1 组竖向通高斜杆；

⑤ 脚手架高度大于 20m 时，每隔 3 跨设置 1 组竖向通高斜杆；斜杆必须对称设置。

（4）杆件锁件

1）架体立杆间距、水平杆步距应符合规范要求。

2）应按专项施工方案设计的步距在立杆连接碗扣节点处设置纵、横向水平杆。

3）当架体搭设高度超过 24m 时，顶部 24m 以下的连墙件层必须设置水平斜杆并应符合规范要求。

4）架体组装及碗扣紧固应符合规范要求。

（5）脚手板

1）脚手板材质、规格应符合规范要求，脚手板的设置应符合以下规定：

① 钢脚手板的挂钩必须完全落在廊道横杆上，并带有自锁装置，严禁浮放；

② 平放在横杆上的脚手板，必须与脚手架连接牢靠，可适当加设间横杆，脚手板探头长度应小于 150mm；

③ 作业层的脚手板框架外侧应设挡脚板及防护栏，防护栏应采用 2 道横杆。

2）脚手板应铺设严密、平整、牢固，外侧应设挡脚板及护身栏杆。

3）挂扣式钢脚手板的挂扣必须完全扣在水平杆上，挂钩应处于锁住状态。

（6）交底与验收

1）脚手架搭设前，工程技术负责人应按脚手架施工设计或专项施工方案的要求对搭设和使用人员进行安全技术交底，并应有文字记录。

2）脚手架搭设到顶时，应组织技术、安全、施工人员对整个架体结构进行全面的检查和验收，及时解决存在的结构缺陷。

3）脚手架搭设质量应按阶段进行检验：

① 首段以高度 6m 进行第一阶段（摺底阶段）的检查与验收；

② 架体应随施工进度定期进行检查，达到设计高度后进行全面的检查验收；

③ 遇 6 级以上大风、大雨、大雪后进行特殊情况的检查；

④ 停工超过 1 个月恢复使用前进行检查。

4）对整体脚手架应重点检查以下内容：

① 保证架体几何不变形的斜杆、连墙件、十字撑等设置是否完善；

② 基础是否有不均匀沉降，立杆底座与基础面的接触有无松动或悬空情况；

③ 立杆上碗扣是否可靠锁紧；

④ 立杆连接销是否安装，斜杆扣接点是否符合要求及扣件拧紧程度。

5）脚手架拆除前，现场工程技术人员应对在岗操作工人进行有针对性的安全技术交底。

6）架体分段搭设、分段使用时，应进行分段验收，搭设高度在 20m 以下（包括 20m）的脚手架，应由项目负责人组织技术、安全及监理人员进行验收；对于高度超过 20m 的脚手架及超高、超重、大跨度的模板支撑架，应由其上级安全生产主管部门负责人组织架体设计及监理等人员进行检查验收。

7）搭设完毕后应办理验收手续，验收内容应量化并经责任人签字确认。

2. 碗扣式钢管脚手架一般项目的检查要点

（1）架体防护

1）架体外侧应使用密目式安全网进行封闭，网间连接应严密。

2）作业层应按规范要求设置防护栏杆。

3）作业层应在外侧立杆 1.2m 和 0.6m 的碗扣节点处设置上、中两道防护栏杆。

4）作业层外侧应设置高度不小于 180mm 的挡脚板。

5）架体作业层脚手板下应用安全网双层兜底，以下每隔 10m 应用安全平网封闭。

（2）构配件材质

1）架体构配件的规格、型号、材质应符合规范要求：

① 碗扣架用钢管规格为 $\phi48\times3.5$mm，钢管壁厚不得小于 $3.5-0.025$mm；

② 上碗扣、可调底座及可调托撑螺母应采用可锻铸铁或铸钢制造，其材料机械性能应符合《可锻铸铁件》GB/T 9440—2010 中 KTH330-08 及《一般工程用铸造碳钢件》GB/T 11352—2009 中 ZG270-500 的规定；

③ 下碗扣、横杆接头、斜杆接头应采用碳素铸钢制造，其材料机械性能应符合《一般工程用铸造碳钢件》GB/T 11352—2009 中 ZG230-450 的规定；

④ 采用钢板热冲压整体成形的下碗扣，钢板应符合《碳素结构钢》GB/T 700—2006 中 Q235A 级钢的要求，板材厚度不得小于 6mm，并经 600～650℃ 的时效处理。严禁利用废旧锈蚀钢板改制；

⑤ 立杆连接外套管壁厚不得小于 $3.5-0.025$mm，内径不得大于 50mm，外套管长度不得小于 160mm，外伸长度不应小于 110mm；

⑥ 杆件的焊接应在专用工装上进行，各焊接部位应牢固可靠，焊缝高度不应小于 3.5mm；

⑦ 立杆上的上碗扣应能上下窜动和灵活转动，不得有卡滞现象；杆件最上端应有防止上碗扣脱落的措施；

⑧ 立杆与立杆连接的连接孔处应能插入 $\phi 12\text{mm}$ 连接销；

⑨ 在碗扣节点上同时安装 1～4 个横杆，上碗扣均应能锁紧。

2) 钢管不应有弯曲、变形、锈蚀严重的现象，材质应符合规范要求。构配件外观质量具体要求如下：

① 钢管应无裂纹、凹陷、锈蚀，不得采用接长钢管；

② 铸造件表面应光整，不得有砂眼、缩孔、裂纹、浇冒口残余等缺陷，表面粘砂应清除干净；

③ 冲压件不得有毛刺、裂纹、氧化皮等缺陷；

④ 各焊缝应饱满，焊药应清除干净，不得有未焊透、夹砂、咬肉、裂纹等缺陷；

⑤ 构配件防锈漆涂层均匀、牢固；

⑥ 主要构配件上的生产厂标识应清晰。

3) 可调底座及可调托撑丝杆与螺母旋合长度不得少于 4～5 扣，插入立杆内的长度不得小于 150mm。

（3）荷载

1) 架体承受的施工荷载应符合规范要求。

2) 不得在架体上集中堆放模板、钢筋等物料。

3) 施工均布荷载、集中荷载应在设计允许范围内。

4) 单、双排与满堂脚手架作业层的施工荷载标准值应根据实际情况确定，斜道上的施工均布荷载标准值不应低于 2.0kN/m^2；当在双排脚手架上同时有 2 个及以上操作层作业时，在同一个跨度内各操作层的施工均布荷载标准值总和不得超过 5.0kN/m^2。

（4）通道

1) 架体必须设置符合规范要求的上下通道。

2) 专用通道的设置应符合规范要求。

3) 人行坡道坡度可为 1∶3，并在坡道脚手板下增设横杆，坡道可折线上升；人行梯架应设置在尺寸为 1.8m×1.8m 的脚手架框架内，梯子宽度为廊道宽度的 1/2，梯架可在一个框架高度内折线上升，梯架拐弯处应设置脚手板及扶手。

3.4.3　注意事项

碗扣式钢管脚手架在安全检查中的注意事项包括：

（1）施工方案

1) 注意架体搭设要编制专项施工方案且结构设计要进行设计计算。

2) 注意专项施工方案要按规定审核、审批，且架体高度超过 50m 要按规定组织专家论证。

（2）架体基础

1) 注意检查架体基础是否平整、夯实，且要符合专项施工方案要求。

2) 注意架体底部要设置垫板并且垫板的规格需符合要求。

3) 注意架体底部要按规范要求设置底座。

4）注意架体底部要按规范要求设置扫地杆。

5）注意设置排水措施。

（3）架体稳定

1）注意架体与建筑结构要按规范要求拉结。

2）架体底层第一步水平杆处要按规范要求设置连墙件及采用其他可靠措施固定。

3）注意连墙件要采用刚性杆件。

4）注意要按规范要求设置竖向专用斜杆或八字形斜撑。

5）注意竖向专用斜杆两端应固定在纵、横向水平杆与立杆汇交的碗扣结点处。

6）注意竖向专用斜杆或八字形斜撑要沿脚手架高度连续设置，角度应符合要求。

（4）杆件锁件

1）注意立杆间距、水平杆步距不能超过规范要求。

2）注意要按专项施工方案设计的步距在立杆连接碗扣结点处设置纵、横向水平杆。

3）注意架体搭设高度超过 24m 时，顶部 24m 以下的连墙件层要按规定设置水平斜杆。

4）注意查看架体组装及上碗扣紧固是否符合规范要求。

（5）脚手板

1）注意检查脚手板是否铺满，脚手板铺设是否牢固、稳定。

2）注意脚手板规格或材质要符合规范要求。

3）注意采用钢脚手板时挂钩要挂扣在横向水平杆上或挂钩需处于锁住状态。

（6）交底与验收

1）注意架体搭设前要进行安全技术交底并保留文字记录。

2）注意架体分段搭设、分段使用时，要办理分段验收手续。

3）注意架体搭设完毕也需办理验收手续。

4）注意记录量化的验收内容。

（7）架体防护

1）注意查看脚手架外侧是否设置了密目式安全网封闭，网间连接是否严密。

2）注意作业层要在外侧立杆的 1.2m 和 0.6m 的碗扣结点设置上、中两道防护栏杆。

3）注意作业层外侧要设置高度不小于 180mm 的挡脚板。

4）注意作业层要用安全平网双层兜底，且以下每隔 10m 用安全平网封闭。

（8）构配件材质

1）注意防止杆件弯曲、变形、锈蚀严重的现象出现。

2）注意钢管、构配件的规格、型号、材质或产品质量要符合规范要求。

（9）荷载

1）注意施工荷载不允许超过设计规定。

2）注意荷载堆放要均匀。

（10）通道

1）注意设置人员上下专用通道。

2）注意通道设置必须符合要求。

3.5　附着式升降脚手架

3.5.1　检查范围

附着式升降脚手架的检查范围包括：

（1）保证项目：施工方案、安全装置、架体构造、附着支座、架体安装、架体升降。

（2）一般项目：检查验收、脚手板、架体防护、安全操作。

3.5.2　检查要点

1. 附着式升降脚手架保证项目的检查要点

（1）施工方案

1）附着式升降脚手架搭设、拆除作业应编制专项施工方案，结构设计应进行设计计算。

① 附着式升降脚手架的使用具有比较大的危险性，它不单纯是一种单项施工技术，应纳入重大危险源控制程序。而且要形成定型化反复使用的工具或载人设备，所以应该有足够的安全保障，必须对使用和生产附着式升降脚手架的厂家和施工企业实行认证制度。应在施工前由项目负责人组织相关专业技术人员，结合工程实际，编制附着式升降脚手架专项施工方案，专项施工方案应突出工程施工特点，应有针对性。

② 检查有无设计计算书，设计计算书的编制是否符合有关规定，且设计计算书要经上级技术部门审批。

2）专项施工方案应按规定进行审核、审批，脚手架提升高度超过规定允许高度时，应组织专家对专项施工方案进行论证。

附着式升降脚手架工程，搭设提升高度150m及以上，对上述超过一定规模的危险性较大的架体，施工单位均应组织专家对专项施工方案进行论证审查，实行施工总承包的，由施工总承包单位组织召开专家论证会，并要形成书面的专家组审查意见。施工单位根据专家组论证报告，对专项施工方案进行修改完善，并经施工单位技术负责人、项目总监理工程师、建设单位项目负责人批准签字后组织实施。提升高度超过80m时须配置一级建造师。

3）施工方案内容应包括：工程概况、施工工艺技术、施工安全保证措施，方案应附设计计算书及图纸。

4）方案应附图。附图应包括立杆平面布置图（含水平剪刀撑布置）、架体系统立面图、剖面图（含竖向剪刀撑布置），附着式升降脚手架大样图及连墙件布置图等；附着式升降脚手架专项施工方案还应包括混凝土养护和强度要求的安全技术措施。

5）项目经理应组织有关管理和施工人员对专项施工方案进行讨论，依据讨论意见进行修改，履行审核意见，报分公司或上级组织进行复审，然后报企业进行审核，并经施工企业技术负责人及监理单位总监理工程师签字审批后方可实施。专项施工方案一经审批，不得随意更改，如需更改，必须办理变更手续。

（2）安全装置

1）附着式升降脚手架应安装机械式全自动防坠落装置，技术性能应符合规范要求。

2）防坠落装置与升降设备应分别独立固定在建筑结构处。

3）防坠落装置应设置在竖向主框架处与建筑结构附着。

4）附着式升降脚手架应安装防倾覆装置，技术性能应符合规范要求。

5）在升降或使用工况下，最上和最下两个防倾覆装置之间最小间距不应小于2.8m或架体高度的1/4。

6）附着式升降脚手架应安装同步控制或荷载控制装置，同步控制或荷载控制误差应符合规范要求。

（3）架体构造

1）架体高度不应大于5倍楼层高度，宽度不应小于1.2m。

2）直线布置的架体支撑跨度不应大于7m，折线、曲线布置的架体支撑跨度不应大于5.4m。

3）架体水平悬挑长度不应大于2m且不应大于跨度的1/2。

4）在架体升降过程中，由于上部结构未达到要求强度或高度，故不能及时设置附着支撑而使架体上部形成悬臂，为保证架体的稳定，架体悬臂高度应不大于2/5架体高度且不大于6m，否则要采取稳定措施。

5）架体高度与支撑跨度的乘积不应大于110m²。

（4）附着支座

1）附着支座数量、间距必须按照施工方案实施，不得随意改动。

2）使用工况应将主框架与附着支座固定，并检查固定螺栓的2道连接固定。

3）升降工况时，应将防倾覆、导向装置设置在附着支座处。

4）每个楼层设置1道附着支座，支座与构造物的固定方式与实际相符。

5）附着支座与建筑结构的连接固定方式应符合规范要求。

（5）架体安装

1）架体搭设要按规定进行，且要与安装图搭设要求相符。架体部分按一般落地式脚手架的要求进行搭设，双排脚手架的宽度为0.9～1.1m。限定每段脚手架下部支撑跨度不大于8m，并规定架体全高与支撑跨度的乘积不大于110m²，以使架体重心不偏高和利于稳定。脚手架的立杆可按1.5m设置，扣件的紧固力矩为40～65N·m，并按规定加设剪刀撑和连墙件。

2）支撑框架和主框架不允许采用扣件连接，必须采用焊接或螺栓连接，以提高架体的稳定性。附着式升降脚手架为了确保架体传力的合理性，从构造上必须将水平梁架荷载传递给竖向主框架（支座），最后通过附着支撑将荷载传给建筑钢结构。主框架（水平梁架和竖向主框架）是架体荷载向建筑结构传力的结构架，必须是刚性的框架，不允许产生变形，以确保传力的可靠性。

3）附着式升降脚手架相邻两主框架之间的架体必须是定型（焊接或螺栓连接）的支撑框架（桁架）。

4）主框架和水平支撑桁架的节点应采用焊接或螺栓连接，各杆件的轴线应汇交于节点。脚手架与水平梁架及竖向主框架杆件相交汇的各点轴线，应汇交于一点，构成节点受力为零的平衡状态，否则将出现附加力，对架体的刚度、稳定性及承载力将起不利的连锁影响。这一规定往往在图纸上绘制与实际制作后的成品不一致。

5）内外两片水平支撑桁架上弦、下弦间应设置水平支撑杆件，各节点应采用焊接式螺栓连接。

6）架体立杆底端应设在水平桁架上弦杆的节点处。

7）与墙面垂直的定型竖向主框架组装高度应与架体高度相等。

8）剪刀撑应沿架体高度连续设置，角度应符合 45°～60°的要求，剪刀撑应与主框架、水平桁架和架体有效连接。

（6）架体升降

1）2 跨以上架体同时升降应采用电动或液压动力装置，不得采用手动装置。

2）升降工况时附着支座处建筑结构混凝土强度应符合设计和规范要求。

3）升降工况时架体上不得有施工荷载，禁止操作人员停留在架体上。

4）升降前必须组织专业人员对架体进行全面检查和验收，在保证安全的前提下，才能进行升降。

2. 附着式升降脚手架一般项目的检查要点

（1）检查验收

1）动力装置、主要结构配件进场应按规定进行验收。

2）架体分段安装、分段使用的必须进行分段验收。

3）架体安装完毕后，应按规范要求进行验收，验收表应由责任人签字确认。

4）架体每次提升前后及使用前应按规定进行检查，并应填写检查记录（验收手续和资料必须齐全）。

① 附着式升降脚手架在使用过程中，每升降一层都要进行一次全面检查，每次升降都有不同的作业条件，所以每次都要按照施工组织设计中要求的内容进行全面检查，并做好检查记录。

② 每次提升后、使用前应有按施工组织设计规定内容记录检查验收结果，并有责任人签字，且相关验收手续和资料必须齐全。检查验收至少由 3 人以上共同进行。

（2）脚手板

1）脚手板的设置必须符合脚手架的规范要求，铺设应严密、平整、牢固，并要有日常的维修保养记录。

① 附着式升降脚手架为定型架体，故脚手板应按每层架体间距合理铺设，铺满、铺严、无探头板，并与架体固定绑牢，有钢丝绳穿过处的脚手板，其孔洞应规则不能有过大洞口，人员上下各作业层应设专用通道和扶梯。

② 双头铺设的脚手板，其接头下各设 1 根小横杆，板端悬空部分应保持 10～15mm。搭接铺设的脚手板，其接头必须在小横杆上，搭接长度保持 20～30mm，板端伸出小横杆的长度保持 10～15mm，靠墙一侧及端头必须用镀锌铁丝与小横杆绑牢，防止滑出。严禁铺设探头板。导轨式架子、架体离建筑物较远，造成施工层铺板防护不严，应视具体情况采取加强措施。

2）作业层与建筑结构间距离应不大于规范要求，作业层里排的架体与建筑物之间采用脚手板或安全平网封闭，在提升前组织拆除，提升后进行恢复。

3）脚手板材质、规格应符合规范要求。检查现场脚手板质量验收记录，必要时现场见证取样，送有相应资质的试验室进行质量检测。

脚手板的材质应符合要求。应使用厚度不小于5cm的专用钢制板网，钢制脚手板应采用2～3mm厚的一级钢材，两端应有连接装置，板面应有防滑孔。凡有裂纹、扭曲、锈蚀的不得使用

（3）架体防护

1）架体外侧应采用密目式安全网封闭，网间连接应严密。

① 检查脚手架外侧密目网是否封闭，安全网的搭接处必须严密并与脚手架绑牢。密目式安全网必须有国家制定的监督检验部门批量验证和工厂检验合格证。同一张网上所有绳（线）应采用同一种材料，所有绳（线）的湿干强力比不得低于75％。其网目的尺寸、边绳与网体的连体、系绳及网绳的直径、网绳的断裂强度、筋绳的分布、绳结及节点等技术要求应符合现行国家标准的规定。

② 最底部作业层下方应同时采用密目式安全网及平网挂牢封严，防止物体坠落；升降脚手架下部、上部建筑物的门窗及孔洞，也应进行封闭。

2）作业层外侧应在高度1.2m和0.6m处设置上、中两道防护栏杆，作业层外侧应设置高度不小于180mm的挡脚板，挡脚板应用黄黑相间的斜纹涂刷。

各作业层都应按临边防护的要求设置防护栏及挡脚板。悬空高处作业应有牢固的立足点，并必须视具体情况，配置防护栏网、栏杆或其他安全设施。操作层设置的防护栏杆，其栏杆杆件的规格及连接、立柱的固定及间距、上下横杆的搭设及高度、栏杆柱与横杆的连接等，必须符合现行国家标准的规定。

（4）安全操作

1）操作前应按规定对有关技术人员和作业人员进行安全技术交底。由于附着式升降脚手架属于新工艺，有其特殊的施工要求，所以应该按照施工组织设计的规定向技术人员和工人进行全面交底，使参加作业的所有人员都清楚全部施工工艺及个人岗位的责任要求，并履行交底签字手续。

2）作业人员应经培训并定岗作业。按照有关规范、标准及施工组织设计中制定的安全操作规程，进行培训考核，专业工种应持证上岗并明确责任。攀登和悬空高处作业人员以及搭设高处作业安全设施人员，必须经过专业标准培训及专业考试合格，持证上岗、确定岗位，建立岗位责任制，并必须定期进行体格检查。

3）安装拆除单位资质应符合要求，特种作业人员应持证上岗。

4）附着式升降脚手架属于高处危险作业，架体在安装、升降、拆除时，应按规定设置安全警戒范围、警戒线，并设专人监护。

5）荷载分布应均匀、荷载最大值应在规范允许范围内：脚手架的提升机具是按各起吊点的平均受力布置的，所以架体上荷载应尽量均布平衡，防止发生局部超载。

6）观察和称量检查，查看升降时架体上有无超过2000N重的设备：规定升降时架体上活荷载为$0.5kN/m^2$，是指不能有人在脚手架上停留和大堆材料堆放，也不准有超过2000N重的设备等。

3.5.3　注意事项

附着式升降脚手架在安全检查中的注意事项包括：

（1）施工方案

1）注意检查脚手架的搭设是否编制了专项施工方案及设计计算书。

2）注意附着式升降脚手架专项施工方案要按规定审核、审批。

3）注意脚手架提升高度超过 150m 时，专项施工方案要按规定组织专家论证。

（2）安全装置

1）注意附着式升降脚手架要采用机械式的全自动防坠落装置且技术性能要符合规范要求。

2）防坠落装置与升降设备要分别独立固定在建筑结构处。

3）注意防坠落装置要设置在竖向主框架处并与建筑结构附着。

4）注意要安装防倾覆装置且防倾覆装置需符合规范要求。

5）注意在升降或使用工况下，最上和最下两个防倾覆装置之间的最小间距要符合规范要求。

6）注意查看是否安装了同步控制装置及技术性能是否符合规定要求。

7）注意同步控制或荷载控制误差也要符合规范要求。

（3）架体构造

1）注意查看附着式升降脚手架有无定型的（焊接或螺栓连接）主框架。

2）注意架体高度不应大于 5 倍楼层高，架体宽度不应大于 1.2m。

3）注意直线布置的架体支撑跨度不应大于 7m，折线、曲线布置的架体支撑跨度不应大于 5.4m。

4）注意架体的水平悬挑长度不应大于 2m，且不能大于跨度的 1/2。

5）注意架体悬臂高度不应大于架体高度 2/5 且悬臂高度不能大于 6m。

6）注意架体全高与支撑跨度的乘积不应大于 110m²。

（4）附着支座

1）注意要按竖向主框架所覆盖的每个楼层设置 1 道附着支座。

2）在使用工况时，要将竖向主框架与附着支座固定。

3）注意在升降工况时，要将防倾覆、导向装置设置在附着支座处。

4）注意查看附着支座与建筑结构连接固定方式是否符合规范要求。

（5）架体安装

1）注意主框架和水平支撑桁架的结点要采用焊接或螺栓连接且各杆件轴线要交汇于主节点。

2）注意内外两片水平支撑桁架的上弦和下弦之间设置的水平支撑杆件要采用焊接或螺栓连接。

3）注意架体立杆底端要设置在水平支撑桁架上弦各杆件汇交节点处。

4）注意查看与墙面垂直的定型竖向主框架组装高度是否低于架体高度。

5）注意架体外立面设置的连续式剪刀撑需将竖向主框架、水平支撑桁架和架体构架连成一体。

（6）架体升降

1）注意 2 跨以上架体同时整体升降不得采用手动升降设备。

2）注意升降工况时附着支座在建筑结构连接处混凝土强度要达到设计要求。

3）注意升降工况时架体上不得施加荷载，严禁人员停留。

（7）检查验收

1）注意构配件进场要办理验收手续。

2）注意分段安装、分段使用时需办理分段验收手续。

3）注意架体安装完毕需履行验收程序且验收表要经责任人签字。

4）注意每次提升前要留有具体检查记录。

5）注意每次提升后、使用前均要履行验收手续且资料要保证齐全。

（8）脚手板

1）注意查看脚手板铺设是否严密、是否牢固。

2）注意查看作业层与建筑结构之间空隙是否封严。

3）注意脚手板规格、材质要符合要求。

（9）架体防护

1）注意查看脚手架外侧是否用密目式安全网封闭及作业层下方封闭是否严密。

2）注意作业层要在高度 1.2m 和 0.6m 处设置上、中两道防护栏杆。

3）注意作业层需设置高度不小于 180mm 的挡脚板。

（10）安全操作

1）注意操作前要向有关技术人员和作业人员进行安全技术交底，查看有无交底记录。

2）注意查看作业人员是否经过培训，是否持证上岗，是否进行了定岗定责。

3）注意安装拆除单位资质要符合要求及特种作业人员要持证上岗。

4）注意安装、升降、拆除时要采取安全警戒。

5）荷载堆放要均匀，同时升降时要注意查看架体上有无超载设备。

3.6 满堂式脚手架

3.6.1 检查范围

满堂式脚手架的检查范围包括：

（1）保证项目：施工方案、架体基础、架体稳定、杆件锁件、脚手板、交底与验收。

（2）一般项目：架体防护、构配件材质、荷载、通道。

3.6.2 检查要点

1. 满堂式脚手架保证项目的检查要点

（1）施工方案

1）架体搭设应编制专项施工方案，结构设计应进行设计计算。

根据《安全生产管理条例》和规范规定，满堂式脚手架施工前，应由项目技术负责人组织相关专业技术人员，结合工程实际，编制专项施工方案，并按规范规定对其结构构件与立杆地基承载力进行设计计算。

2）专项施工方案应按规定进行审核、审批。专项施工方案编制后应经施工企业技术负责人、监理单位总监理工程师签字审批后方可实施，由专职安全生产管理人员进行现场监督。

（2）架体基础

1）立杆基础应按方案要求平整、夯实，并设排水设施。

满堂式脚手架应清除搭设场地杂物，按方案要求平整、夯实搭设场地，并应采取排水措施，使排水畅通。

2）架体底部应按规范要求设置底座、垫板，其规格应符合规范要求。

架体每根立杆底部应设置底座和垫板，底座、垫板均应准确地放在定位线上，垫板应采用长度不少于 2 跨、厚度不小于 50mm、宽度不小于 200mm 的木垫板或仰铺 12～16 号槽钢。

3）架体扫地杆设置应符合规范要求。

脚手架必须设置纵、横向扫地杆。纵向扫地杆应采用直角扣件固定在距钢管底端不大于 200mm 处的立杆上。横向扫地杆应采用直角扣件固定在紧靠纵向扫地杆下方的立杆上。脚手架立杆基础不在同一高度时，必须将高处的纵向扫地杆向低处延长 2 跨，与立杆固定，高低差不应大于 1m。靠边坡上的立杆轴线到边坡的距离不应小于 500mm。

（3）架体稳定

1）架体周圈与中部应按规范要求设置竖向剪刀撑及专用斜杆。

满堂式脚手架应在架体外侧四周及内部纵、横向每 6～8m 由底至顶设置连续竖向剪刀撑。剪刀撑应用旋转扣件固定在与之相交的水平杆或立杆上，旋转扣件中心线至主节点的距离不宜大于 150mm。

2）架体应按规范要求设置水平剪刀撑或专用斜杆。

① 水平剪刀撑：当架体搭设高度在 8m 以下时，应在架体顶部设置连续水平剪刀撑；当架体搭设高度在 8m 及以上时，应在架体底部、顶部及竖向间隔不超过 8m 处分别设置连续水平剪刀撑。水平剪刀撑宜在竖向剪刀撑与斜杆相交平面设置。剪刀撑宽度应为 6～8m。

② 专用斜杆：碗扣式满堂脚手架斜杆应设置在纵向及廊道横杆的碗扣节点上；脚手架拐角处及端部必须设置竖向通高斜杆，脚手架高度不大于 20m 时，每隔 5 跨设置 1 组竖向通高斜杆；脚手架高度大于 20m 时，每隔 3 跨设置 1 组竖向通高斜杆；斜杆必须对称设置；斜杆临时拆除时，应调整斜杆位置，并严格控制同时拆除的根数。当采用钢管扣件作斜杆时，斜杆应每步与立杆扣接，扣接点距碗扣节点的距离宜不大于 150mm；当出现不能与立杆扣接的情况时亦可采取与横杆扣接，扣接点应牢固；斜杆宜设置成八字形，斜杆水平倾角宜在 45°～60°之间，纵向斜杆间距可间隔 1～2 跨；当脚手架高度超过 20m 时，斜杆应在内外排对称设置。

3）架体高宽比大于规范规定时，应按规范要求与建筑结构拉结或采取增加架体宽度、设置钢丝绳张拉固定等稳定措施。

满堂式脚手架的高宽比不宜大于 3，当高宽比大于 2 时，应在架体的外侧四周和内部水平间隔 6～9m、竖向间隔 4～6m 处设置连墙件与建筑结构拉结，当无法设置连墙件时，应采取设置钢丝绳张拉固定等措施。

（4）杆件锁件

1）满堂式脚手架的搭设高度应符合规范及设计计算要求。

2）架体立杆间距，水平杆步距应符合规范要求。

常用敞开式满堂脚手架结构立杆间距和水平杆步距，应按规范规定进行设计及计算，确定满堂式脚手架搭设的立杆间距和纵向水平杆步距，并按设计计算确定的立杆间距和水平杆步距进行检查评定。

3）杆件的接长应符合规范要求。

满堂式脚手架立杆接长接头必须采用对接扣件连接，立杆对接扣件应交错布置，两根相邻立杆的接头不应设置在同步内，同步内隔一根立杆的两个相隔接头在高度方向错开的距离不宜小于500mm，各接头中心至主节点的距离不宜大于步距的1/3。当立杆采用搭接接长时，搭接长度不应小于1m，并应采用不少于2个旋转扣件固定；端部扣件盖板的边缘至杆端距离不应小于100mm。满堂式脚手架立杆接长除顶层顶步外，其余各层各步接头必须采用对接扣件连接。水平杆的接长应采用对接扣件连接或搭接，并且两根相邻纵向水平杆的接头不应设置在同步或同跨内；不同步或不同跨两个相邻接头在水平方向错开的距离不应小于500mm；各接头中心至主节点的距离不宜大于纵距的1/3。采用搭接接头的，其搭接长度不应小于1m，应等间距设置3个旋转扣件固定；端部扣件盖板边缘至搭接纵向水平杆杆端的距离不应小于100mm。剪刀撑斜杆的接长应采用搭接或对接，搭接要求同立杆搭接。

4）架体搭设应牢固，杆件节点应按规范要求进行紧固。

架体搭设采用的扣件规格应与钢管外径相同；螺栓拧紧扭力矩不应小于40N·m，且不应大于65N·m；架体在主节点处固定横向水平杆、纵向水平杆、剪刀撑、横向斜撑等用的直角扣件、旋转扣件的中心点的相互距离不应大于150mm；对接扣件设置开口应朝上或朝内；各杆件端头伸出扣件盖板边缘的长度不应小于100mm。

（5）脚手板

1）脚手板的材质、规格应符合规范要求。

脚手板可分别采用钢、木、竹材料制作，单块脚手板的质量不宜大于30kg；冲压钢脚手板、木脚手板、竹脚手板的材质均应符合现行相关国家标准和行业标准的规定。

2）架体脚手板应满铺，确保牢固稳定。

作业层脚手板应铺满、铺稳、铺实。冲压钢脚手板、木脚手板、竹脚手板等，应设置在3根横向水平杆上。当脚手板长度小于2m时，可采用2根横向水平杆支撑，但应将脚手板两端与横向水平杆可靠固定，严防倾翻。脚手板的铺设应采用对接平铺或搭接铺设。脚手板对接平铺时，接头处应设2根横向水平杆，脚手板搭接铺设时，接头应支在横向水平杆上，搭接长度不应小于200mm，其伸出横向水平杆的长度不应小于100mm。

3）挂扣式钢脚手板的挂扣应完全挂扣在水平杆上，挂钩应处于锁住状态。

（6）交底与验收

1）架体搭设完毕后应按规定进行验收，验收内容应量化并经责任人签字确认。

脚手架搭设完毕后，应由项目负责人组织进行验收并形成书面验收意见，验收内容应量化；对扣件螺栓的紧固力矩进行抽检，抽检数量应符合规范的规定，抽样方式应按随机分布原则进行。验收人员应包括项目技术、安全、施工部门人员及搭设班组负责人，监理单位的总监理工程师和专业监理工程师。验收合格，经施工单位项目负责人及项目总监理工程师签字后，方可进入后续施工工序。

2）架体分段搭设、分段使用时，应进行分段验收。

脚手架应分段搭设、分段验收，每搭设完 6～8m 高度或 3～4 步后进行验收，每次验收均应办理验收手续，并经责任人签字确认。

3）架体搭设前应进行安全技术交底，并应有文字记录。

满堂式脚手架在搭设前，项目技术负责人或方案编制人应当根据专项施工方案和有关规范、标准的要求，对现场管理人员、操作班组、作业人员进行安全技术交底，并做好书面交底签字手续。

2. 满堂式脚手架一般项目的检查要点

（1）架体防护

1）作业层应在外侧立杆 1.2m 和 0.6m 高度设置上、中两道防护栏杆。

2）作业层外侧应设置高度不小于 180mm 的挡脚板。

3）脚手架作业层脚手板应铺设牢靠、严实。架体作业层脚手板下应用安全平网双层兜底，以下每隔 10m 应用安全平网封闭。

（2）构配件材质

1）架体构配件的规格、型号、材质应符合规范要求。

满堂式脚手架用钢管、扣件、脚手板、可调托撑等应按规范的规定和脚手架专项施工方案要求进行检查，不合格产品不得使用。钢管宜采用 $\phi48×3.6$mm 钢管，每根钢管的最大质量不应大于 25.8kg；扣件在螺栓拧紧扭力矩达到 65N·m 时，不得发生破坏。

2）钢管不应有弯曲、变形、锈蚀严重的现象，材质符合规范要求。钢管上严禁打孔。旧钢管外表面锈蚀深度不得超过 0.18mm，每年应对钢管锈蚀情况至少进行一次检查，当锈蚀深度超过规定值时不得使用。

3）扣件应进行防锈处理，使用前应逐个挑选，有裂缝、变形、螺栓出现滑丝的严禁使用。

（3）荷载

1）架体上的施工荷载应符合设计和规范要求。

2）施工均布荷载、集中荷载应在设计允许范围内，不得超载。不得在架体上集中堆放模板、钢筋等物料。不得将模板支架、缆风绳、泵送混凝土和砂浆的输送管等固定在架体上；严禁悬挂起重设备。

（4）通道

1）满堂式脚手架应设置供人员上下的专用通道（楼梯踏步间距不得大于 300mm）。

2）专用通道的设置应符合规范要求。

3.6.3　注意事项

满堂式脚手架在安全检查中的注意事项包括：

（1）施工方案

1）注意检查是否编制了专项施工方案及设计计算书。

2）注意满堂式脚手架专项施工方案必须按规定审核、审批。

（2）架体基础

1）注意架体基础应平整、夯实，且符合专项施工方案要求。

2）注意架体底部要设置垫板且垫板长度要达到 2 跨以上。

3) 注意架体底部要按规范要求设置底座。

4) 注意架体底部要设置纵、横向扫地杆，且设置高度要符合要求。

5) 注意设置排水措施。

（3）架体稳定

1) 注意架体四周与中间要按规范要求设置竖向剪刀撑或专用斜杆。

2) 注意要按规范要求设置水平剪刀撑或专用水平斜杆。

3) 架体高宽比大于 2 时要按要求采取与结构刚性连接或扩大架体底脚等措施。

（4）杆件锁件

1) 注意架体搭设高度不能超过规范或设计要求。

2) 注意架体立杆间距和水平杆步距不能超过规范要求。

3) 杆件接长要符合要求。

4) 注意架体搭设或杆件结点紧固均要符合要求。

（5）脚手板

1) 注意脚手板必须铺满、铺稳、铺实。

2) 注意脚手板规格或材质要符合要求。

3) 采用钢脚手板时挂钩要挂扣在水平杆上且挂钩要处于锁住状态。

（6）交底与验收

1) 注意架体搭设前需进行交底且交底要留有记录。

2) 架体分段搭设、分段使用时，要办理分段验收手续。

3) 注意架体搭设完毕后必须办理验收手续，还要记录量化的验收内容。

（7）架体防护

1) 注意作业层脚手架周边要在高度 1.2m 和 0.6m 处设置上、中两道防护栏杆。

2) 注意作业层外侧需设置 180mm 高挡脚板。

3) 注意作业层要用安全平网双层兜底，且以下每隔 10m 用安全平网封闭。

（8）构配件材质

1) 注意检查钢管、构配件的规格、型号、材质及产品质量要符合规范要求。

2) 注意查看杆件是否有弯曲、变形、锈蚀严重等现象。

（9）荷载

1) 注意施工荷载不允许超过设计规定。

2) 注意荷载堆放要均匀。

（10）通道

1) 注意设置人员上下专用通道。

2) 通道设置要符合规范要求。

3.7　承插型盘扣式钢管脚手架

3.7.1　检查范围

承插型盘扣式钢管脚手架的检查范围包括：

（1）保证项目：施工方案、架体基础、架体稳定、杆件、脚手板、交底与验收。

（2）一般项目：架体防护、杆件接长、架体内封闭、构配件材质、通道。

3.7.2　检查要点

1. 承插型盘扣式钢管脚手架保证项目的检查要点

（1）施工方案

1）承插型盘扣式钢管脚手架搭设应编制专项施工方案，搭设高度超过 24m 的架体应单独编制专项施工方案，结构设计应进行设计计算，并按规定进行审核、审批；其施工方案具体编制要点如下：

① 工程概况：应说明所应用对象的主要情况，模板支架应按结构设计平面图说明需支模的结构情况以及支架需要搭设的高度；外脚手架应说明所建主体结构形式及高度，平面形状和尺寸。

② 架体结构设计和计算应按下列步骤进行：制定架体方案；荷载计算及架体验算。架体验算应包括架体杆件稳定性、刚度验算，脚手架连墙件承载力验算以及基础承载力验算；绘制架体结构整体布置的平面图、立面图、剖面图。模板支架还应绘制支架顶部梁、板模板支架节点构造详图及支撑架与已建结构的拉结或水平支撑构造详图；脚手架应绘制连墙件构造详图。

③ 模板支撑架应说明施工流水步骤、混凝土浇筑程序及方法。

④ 应明确架体主要构配件及材质要求，编制构配件用料表及供应计划。

⑤ 应说明架体搭设、使用和拆除方法。

⑥ 应制定保证质量安全的技术措施。

2）施工方案应完整，能正确指导施工作业，专项施工方案应按规定进行审核、审批。

（2）架体基础

1）立杆基础应按方案要求平整、夯实，并设排水设施。

2）土层地基上的立杆应采用可调底座和垫板，垫板的长度不宜少于 2 跨。

3）立杆底部垫板和可调底座及架体纵、横扫地杆设置均要符合相关规定。

4）可调底座和可调托座的丝杆宜采用梯形牙，A 型立杆宜配置 $\phi48mm$ 丝杆和调节手柄，丝杆外径不应小于 46mm；B 型立杆宜配置 $\phi38mm$ 丝杆和调节手柄，丝杆外径不应小于 36mm。

5）可调底座的底板和可调托座的托板宜采用 Q235 钢板制作。厚度不应小于 5mm，允许尺寸偏差应为 ±0.2mm，承力面钢板长度和宽度均不应小于 150mm；承力面钢板和丝杆应采用环焊，并应设置加劲片或加劲拱度；可调托座的托板应设置开口挡板，挡板高度不应小于 40mm。

6）可调底座及可调托座丝杆与螺母旋合长度不得少于 5 扣，螺母厚度不得小于 30mm，插入立杆内的长度不得小于 150mm。

7）当地基高差较大时，可利用立杆 0.5m 节点位差配合可调底座进行调整，底部脚手架下端设置纵、横扫地杆，用于调整和减少架体的不均匀沉降。

（3）架体稳定

1）架体与建筑物拉结应符合规范要求，并应从架体底层第一步水平杆开始设置连墙件；当该处设置有困难时应采取其他可靠措施固定。

2）承插型盘扣式钢管脚手架应由塔式单元扩大组合而成，拐角为直角的部位应设置立杆间的竖向斜杆。当作为外脚手架使用时，单跨立杆间可不设置斜杆。

3）对双排脚手架的每步水平杆层，当无挂扣钢脚手板加强水平层刚度时，应每5跨设置水平斜杆。

4）架体拉结点应牢固可靠；加固件、斜杆与脚手架同步搭设。采用扣件钢管作加固件、斜撑时应符合现行行业标准《建筑施工扣件式钢管脚手架安全技术规范》JGJ 130—2011的有关要求。

5）连墙件应采用刚性杆件，在脚手架的规定位置处设置，不得随意拆除。设置时要符合相关要求：

① 连墙件采用可承受拉、压荷载的刚性杆件，连墙件与脚手架立面及墙体应保持垂直，同一层连墙件宜在同一平面，水平间距不应大于3跨，与主体结构外侧面距离不宜大于300mm；

② 连墙件应设置在有水平杆的盘扣节点旁，连接点至盘扣节点的距离不应大于300mm；采用钢管扣件作连墙件时，连墙件应采用直角扣件与立杆连接；

③ 当脚手架下部暂不能搭设连墙件时，宜外扩搭设多排脚手架并设置斜杆形成侧斜面状附加梯形架，待上部连墙件搭设后方可拆除附加梯形架。

6）架体竖向斜杆、剪刀撑的设置应符合相关要求（双排脚手架应设置剪刀撑与横向斜撑，单排脚手架应设置剪刀撑）。

① 每道剪刀撑宽度不应小于4跨，且不应小于6m，斜杆与地面的倾角应在 $45°\sim60°$ 之间；

② 剪刀撑斜杆的接长应采用搭接或对接；

③ 剪刀撑斜杆应用旋转扣件固定在与之相交的横向水平杆的伸出端或立杆上，旋转扣件中心线至主节点的距离不应大于150mm。

7）竖向斜杆的两端应固定在纵、横向水平杆与立杆汇交的盘扣节点处。

8）斜杆及剪刀撑应沿脚手架高度连续设置，角度应符合规范要求：沿架体外侧纵向每5跨每层应设置1根竖向斜杆或每5跨间应设置扣件钢管剪刀撑，端跨的横向每层应设置竖向斜杆。

9）双排脚手架横向斜撑的设置应符合下列规定：

① 横向斜撑应在同一节间，由底至顶呈之字形连续布置，斜撑宜采用旋转扣件固定在与之相交的横向水平杆的伸出端上，旋转扣件中心线至主节点的距离不宜大于150mm；

② 高度在24m以下的封闭型双排脚手架可不设横向斜撑，高度在24m以上的封闭型脚手架，除拐角应设置横向斜撑外，中间应每隔6跨设置1道。

（4）杆件设置

1）架体立杆间距、水平杆步距应符合规范要求。

2）应按专项施工方案设计的步距在立杆连接插盘处设置纵、横向水平杆。

3）当双排脚手架的水平杆层没有挂扣钢脚手板时，应按规范要求设置水平斜杆。

4）用承插型盘扣式钢管支架搭设双排脚手架时，可根据使用要求选择架体几何尺寸，相邻水平杆步距宜选用2m，立杆纵距宜选用1.5m或1.8m，且不宜大于3m，立杆横距宜选用 0.9m 或 1.2m。对双排脚手架的每步水平杆层，当无挂扣钢脚手板加强水平层刚度时，应每 5 跨设置水平斜杆。

（5）脚手板

1）钢脚手板的挂钩必须完全扣在水平杆上，挂钩必须处于锁住状态，作业层脚手板应满铺。

2）作业层的脚手板架体外侧应设挡脚板和防护栏，防护栏高度宜为 1000mm，均匀设置 2 道，并应在脚手架外侧立面满挂密目式安全网。

3）当脚手架作业层与主体结构外侧面间隙较大时，应设置挂扣在连接盘上的悬挑三脚架，并应铺放能封闭脚手架内侧的脚手板。

4）挂扣式钢梯宜设置在尺寸不小于 0.9m×1.8m 的脚手架框架内，钢梯宽度应为廊道宽度的 1/2，钢梯可在一个框架高度内折线上升；钢架拐弯处应设置钢脚手板及扶手。

（6）交底与验收

1）架体搭设前应进行安全技术交底，并应有文字记录。

搭设操作人员必须经过专业技术培训和专业考试合格后，持证上岗。模板支架和脚手架搭设前，施工管理人员应按专项施工方案的要求对操作人员进行技术和安全交底。

2）脚手架的架体分段搭设、分段使用时，应由施工管理人员进行分段验收，并确认符合方案要求后使用。

3）脚手架在下列情况下也要按进度分阶段进行检查和验收。

① 基础完工后、脚手架搭设前；

② 搭设高度达到设计高度后；

③ 架体随施工高度逐层升高时；

④ 首段高度达到 6m 时。

4）进入现场的钢管支架构配件的检查与验收应符合下列要求：

① 应有钢管支架产品标识及产品质量合格证；

② 应有钢管支架产品主要技术参数及产品使用说明书；

③ 支架质量有问题时，应进行质量抽检和试验。

5）脚手架应重点检查和验收下列内容：

① 搭设的架体三维尺寸应符合设计要求，斜杆和钢管剪刀撑应符合设置要求；

② 立杆基础不应有不均匀沉降，立杆可调底座与基础面的接触不应有松动和悬空现象；

③ 外侧密目网、内侧层间水平网的张挂及防护栏杆的设置应齐全、牢固；

④ 连墙件设置应符合设计要求，应与主体结构、架体可靠连接；

⑤ 周转使用的支架构配件使用前应作外观检查；

⑥ 搭设的施工记录和质量检查应及时、齐全。

6）搭设完毕后应办理验收手续，验收应有量化内容并经责任人签字确认。

2. 承插型盘扣式钢管脚手架一般项目的检查要点

（1）架体防护

1）架体外侧应使用密目式安全网进行封闭，网间连接应严密。

2）作业层应在外侧立杆 1.0m 和 0.5m 的盘扣节点处设置上、中两道防护栏杆。

3）作业层外侧应设置高度不小于 180mm 的挡脚板。

4）架体作业层脚手板下应用安全平网双层兜底，以下每隔 10m 应用安全平网封闭。

5）作业层与建筑物之间应进行封闭。

（2）杆件接长

1）立杆的接长位置、剪刀撑的接长应符合规范要求；搭设悬挑式脚手架时，立杆的接长部位必须采用螺栓固定立杆连接件。

2）立杆连接套管有铸钢套管和无缝钢管套管两种形式。对于铸钢套管形式，立杆连接套管长度不应小于 90mm，外伸长度不应小于 75mm；对于无缝钢管套管形式，立杆连接套管长度不应小于 160mm，外伸长度不应小于 110mm。套管内径与立杆钢管外径间隙不应大于 2mm。

3）立杆与立杆连接套管应设置固定立杆连接件的防拔出销孔，承插型盘扣式钢管脚手架销孔为 $\phi14$mm，立杆连接件直径宜为 12mm，允许尺寸偏差 ±0.1mm。

4）连接盘与立杆焊接固定时，连接盘与立杆轴心的不同轴度不应大于 0.3mm；以单侧边连接盘外边缘为测点，盘面立杆纵轴线正交垂直度偏差不应大于 0.3mm。

5）沿架体外侧纵向每 5 跨每层应设置 1 根竖向斜杆或每 5 跨应设置扣件钢管剪刀撑，端跨的横向每层应设置竖向斜杆。

6）当搭设悬挑式脚手架时，立杆的套管连接接长部位应采用螺栓作为立杆连接件固定。

（3）架体内封闭

1）脚手架内立杆距墙体净距一般不应大于 200mm。当不能满足要求时，应铺设站人片。站人片设置平整牢固。

2）脚手架在施工层及以下每隔 3 步与建筑物之间应进行水平封闭隔离、首层及顶层应设置水平封闭隔离。

（4）构配件材质

主要是检查架体构配件的规格、型号、材质等是否符合相关要求，钢管弯曲、变形、锈蚀严重等现象是否存在。其具体检查要点如下：

1）盘扣节点由焊接于立杆上的连接盘、水平杆杆端扣接头和斜杆杆端扣接头组成。

2）水平杆和斜杆杆端扣接头与连接盘的插销连接应具有可靠的防滑脱构造措施。

3）立杆盘扣节点宜按 0.5m 模数设置；横杆长度按 0.3m 模数设置。

4）承插型盘扣式钢管脚手架的构配件除有特殊要求外，其材质应符合现行国家标准《低合金高强度结构钢》GB/T 1591—2008、《碳素结构钢》GB/T 700—2006 以及《一般工程用铸造碳钢件》GB/T 11352—2009 的规定。

5）连接盘、扣接头、插销以及可调螺母的调节手柄采用碳素铸钢制造时，其材料机械性能不得低于现行国家标准《一般工程用铸造碳钢件》GB/T 11352—2009，中牌号为 ZG230-450 的屈服强度、抗拉强度、延伸率的要求。铸钢制作的连接盘的厚度不得小于 8mm，钢板冲压制作的连接盘厚度不得小于 10mm，允许尺寸偏差 ±0.5mm。

6）杆件焊接制作应在专用工装上进行，各焊接部位应牢固可靠。焊丝宜采用现行国家标准《气体保护电弧焊用碳钢、低合金钢焊丝》GB/T 8110—2008 中规定的气体保护电弧焊用碳钢、低合金钢焊丝的要求，有效焊缝高度不应小于 3.5mm。

7) 楔形插销的斜度应满足楔入连接盘后能自锁，厚度不应小于 8mm，尺寸允许偏差 ±0.1mm。

8) 构配件外观质量应符合以下要求：

① 钢管应无裂纹、凹陷、锈蚀，不得采用接长钢管；

② 钢管应平直，直线度允许偏差为管长的 1/500，两端面应平整，不得有斜口、毛刺；

③ 铸件表面应光整，不得有砂眼、缩孔、裂纹、浇冒口残余等缺陷，表面粘砂应清除干净；

④ 冲压件不得有毛刺、裂纹、氧化皮等缺陷；

⑤ 各焊缝有效焊缝高度应符合《建筑施工承插型盘扣式钢管支架安全技术规程》JGJ 231—2010 中的相关规定，且焊缝应饱满，焊药清除干净，不得有未焊透、夹砂、咬肉、裂纹等缺陷；

⑥ 可调底座和可调托座的螺牙宜采用梯形牙，A 型管宜配置 ϕ48mm 丝杆和调节手柄，B 型管宜配置 ϕ38mm 丝杆和调节手柄，丝杆直径不得小于 36mm。可调底座和可调托座的表面应镀锌，镀锌表面应光滑，在连接处不得有毛刺、滴瘤和多余结块；

⑦ 主要构配件上的生产厂家标识应清楚。

(5) 通道

1) 架体应设置供人员上下的专用通道，设置要符合相关要求。

2) 当设置双排脚手架人行通道时，应在通道上部架设支撑横梁，横梁截面大小应按跨度以及承受的荷载计算确定，通道两侧脚手架应加设斜杆；洞口顶部应铺设封闭的防护板，两侧应设置安全网；通行机动车的洞口，必须设置安全警示防撞设施。

3.7.3　注意事项

承插型盘扣式钢管脚手架在安全检查中的注意事项包括：

(1) 施工方案

1) 注意要编制专项施工方案且搭设高度超过 24m 要另行专门设计和计算。

2) 专项施工方案要按规定审核、审批。

(2) 架体基础

1) 注意架体基础应平整、夯实，且符合专项施工方案要求。

2) 注意查看架体立杆底部是否缺少垫板且垫板的规格要符合要求。

3) 注意架体底部要按要求设置底座。

4) 注意规范设置纵、横向扫地杆。

5) 注意设置排水设施。

(3) 架体稳定

1) 注意架体与建筑结构要按规范要求拉结。

2) 架体底层第一步水平杆处按要求设置连墙件且要采用其他可靠措施固定。

3) 连墙件要采用刚性杆件。

4) 要按要求设置竖向斜杆或剪刀撑。

5) 竖向斜杆两端需固定在纵、横向水平杆与立杆汇交的盘扣节点处。

6）斜杆或剪刀撑要沿脚手架高度连续设置且角度要符合要求。

（4）杆件设置

1）注意架体立杆间距、水平杆步距必须符合相关规定。

2）要按专项施工方案设计的步距在立杆连接盘处设置纵、横向水平杆。

3）注意当双排脚手架的每步水平杆层无挂扣钢脚手板时要按规范要求设置水平斜杆。

（5）脚手板

1）注意承插型盘扣式钢管脚手架应满铺脚手板。

2）脚手板规格或材质要符合要求。

3）采用钢脚手板时挂钩要挂扣在水平杆上且处于锁住状态。

（6）交底与验收

1）注意脚手架搭设前要进行交底，且保留交底记录。

2）脚手架分段搭设、分段使用时，要办理分段验收手续。

3）脚手架搭设完毕后要办理验收手续，记录量化的验收内容。

（7）架体防护

1）注意架体外侧要设置密目式安全网封闭，且网间要封闭严实。

2）作业层要在外侧立杆的 1.0m 和 0.5m 的盘扣节点处设置上、中两道水平防护栏杆。

3）作业层外侧要设置高度不小于 180mm 的挡脚板。

（8）杆件接长

1）注意立杆竖向接长位置、剪刀撑的斜杆接长需符合要求。

2）搭设悬挑式脚手架时，立杆的承插接长部位要采用螺栓作为立杆连接件固定。

（9）架体内封闭

1）注意作业层要用安全平网双层兜底，且以下每隔 10m 要用安全平网封闭。

2）作业层与主体结构间的空隙应封闭。

（10）构配件材质

1）注意钢管、构配件的规格、型号、材质或产品质量必须符合要求。

2）注意防止钢管弯曲、变形、锈蚀严重等现象。

（11）通道

注意要按规定设置人员上下专用通道。

第4章 高处作业吊篮

4.1 检查范围

高处作业吊篮的检查范围包括：
(1) 保证项目：施工方案、安全装置、悬挂机构、钢丝绳、安装作业、升降操作。
(2) 一般项目：交底与验收、防护、吊篮稳定、荷载。

4.2 检查要点

1. 高处作业吊篮保证项目的检查要点

(1) 施工方案

1) 吊篮安装、拆除作业应编制专项施工方案，悬挂吊篮的支撑结构承载力应经过验算。

① 高处作业吊篮安装、拆除时应按专项施工方案，在专业人员的指导下实施。高处作业吊篮通过悬挂机构支撑在建筑物上，应对支撑点的结构强度进行核算。吊篮安装作业应编制专项施工方案，吊篮支架支撑处的结构承载力应经过验算。

② 吊篮脚手架是将吊篮悬挂在挑梁上，挑梁与建筑物顶部特设支撑点固定，吊篮的升降用手动（电动）葫芦和钢丝绳带动，进行外墙装修施工。在吊篮脚手架的施工方案中，必须有吊篮和挑梁的设计及挑梁的固定方法。应对吊篮脚手架挑梁、吊篮、吊绳、手动或电动葫芦进行设计计算，并绘制图纸。挑梁是确保施工和人员安全的重要结构件，其材质、固定点、连接点、几何尺寸及悬挑长度应进行详细计算。

2) 专项施工方案和设计计算书均应经上级技术部门审核、审批。

3) 检查吊篮脚手架的施工方案是否具体，是否有指导性。

① 吊篮主要用于高层建筑施工的装修作业，用型钢预制成吊篮架子，通过钢丝绳悬挂在建筑物顶部的悬挑梁（架）上，吊篮可随作业要求进行升降，其动力有手动与电动葫芦两种。吊篮脚手架简单实用，大多根据工程特点自行设计。

② 使用吊篮脚手架应结合工程情况编制施工方案。

a. 吊篮脚手架的设计制作应符合《高处作业吊篮》GB 19155—2003 及《编制建筑施工脚手架安全技术标准的统一规定》的规定，并经企业技术负责人审核批准；

b. 当使用厂家生产的产品时，应有产品合格证及安装、使用、维护说明书等有关材料。

③ 吊篮平台的宽度宜为 0.8～1m，长度不宜超过 6m。

④ 吊篮脚手架的设计计算。

a. 吊篮及挑梁应进行强度、刚度和稳定性验算，抗倾覆系数比值≥2；

b. 吊篮平台及挑梁结构按概率极限状态设计法计算，其分项系数：永久荷载 γ_G 取 1.2，可变荷载 γ_Q 取 1.4，荷载变化系数 γ_2（升降工况）取 2；

c. 提升机构按容许应力法计算，其安全系数：钢丝绳 $K=10$，手动葫芦 $K \geqslant 2$（按材料屈服强度值）。

⑤ 施工方案中必须对阳台及建筑物转角处等特殊部位的挑梁、吊篮设置予以详细说明，并绘制施工详图。施工方案中挑选的几何尺寸、材质、固定点、悬挑长度，吊篮的几何尺寸、材质、构造、吊撑、保险绳及葫芦的安装等均应有详细的方案，且应能指导施工。

（2）安全装置

1）检查升降吊篮有无保险绳，是否有保险绳失效的现象。在吊篮平台悬挂处增设一根与提升钢丝绳相同型号的保险绳（直径 $\geqslant 12.5mm$），端头固定卡环不少于 3 个，不准使用有接头的钢丝绳，每根钢丝绳上需安装安全锁。

2）作业人员在悬空作业时，必须系好安全带，安全带挂钩应挂在作业人员上方牢固的物件上，不得挂在吊篮升降用的钢丝绳上。

3）吊篮应设置供作业人员专用的挂设安全带的安全绳或安全锁扣，安全绳应固定在建筑物可靠位置上，不得与吊篮上的任何部位有连接，应符合下列要求：

① 安全绳应符合现行国家标准《安全带》GB 6095—2009 的要求，其直径应与安全锁扣的规格一致；

② 安全绳不得有松散、断股、打结现象；

③ 安全锁扣的部件应完好、齐全，规格和方向标识应清晰可辨。

4）吊篮应安装上限位装置，并应保证限位装置灵敏可靠。

5）吊篮应安装防坠安全锁，并应灵敏有效。安全锁或具有相同作用的独立安全装置的功能应满足以下要求：

① 对离心触发式安全锁，悬吊平台运行速度达到安全锁锁绳速度时，即能自动锁住安全钢丝绳，使悬吊平台在 200mm 范围内停住；

② 对摆臂式防倾斜安全锁，悬吊平台工作时纵向倾斜角度不大于 8°时，能自动锁住并停止运行；

③ 安全锁或具有相同作用的独立安全装置，在锁绳状态下应不能自动复位；

④ 安全锁承受静力试验载荷时，静置 10min，不得有任何滑移现象；

⑤ 防坠安全锁不应超过标定期限（安全锁必须在有效标定期限内使用，有效标定期限不大于 1 年）。安全锁的设计、制作、试验应符合《高处作业吊篮》GB 19155—2003 的规定。

6）检查升降葫芦有无保险卡，是否有保险卡失效的现象。

手动葫芦应装设保险卡（闭锁装置），防止吊篮平台在正常工作情况下发生自动下滑事故。使用手动葫芦升降吊篮时，往复扳动前进手柄，即可使吊篮上升；反复扳动倒退手柄，即可使吊篮下降，切忌同时扳动前进和倒退手柄。

（3）悬挂机构

1）建筑物的女儿墙、挑檐等一般属于非承重结构，规范规定严禁将悬挂机构前支架支撑在女儿墙、挑檐等处。必要时应对悬挂机构的支架进行重新设计计算，必要时应对专项施工方案进行论证审核。

2）悬挂机构施加于建筑物顶面或构造物上的作用力均应符合建筑结构的承载要求。

3）悬挂机构前梁外伸长度应符合产品说明书规定：悬挂机构前，支架应与支撑面保持垂直。但应注意，悬挂机构上设置的脚轮是否方便吊篮作平行移动，本身承载能力有限，在吊篮使用时，前支架脚轮不得受力。如果吊篮荷载传递到脚轮，就会产生集中荷载，易对建筑物产生局部破坏。

4）上支架应固定在前支架调节杆与悬挑梁连接的节点处，并保证上支架与前支架调节杆同轴同心，悬挑梁的受力更合理。

5）严禁使用破损的配重件或其他替代物，配重件应稳定可靠地安放在配重架上，并应有防止配重件随意移动的措施。

6）配重件在固定可靠的同时，重量也要符合设计规定。

（4）钢丝绳

1）钢丝绳不应有断丝、断股、松股、锈蚀、硬弯及油污和附着物。钢丝绳和悬挑梁连接处应采取防止钢丝绳受剪的措施，采用绳夹连接时，绳夹数量、间距和连接强度应符合规范要求。

2）在以下情况下钢丝绳要做报废处理：

① 外部腐蚀：钢丝的外部腐蚀可用肉眼观察到。当钢丝绳表面出现深坑、钢丝相当松弛时应报废。

a. 钢丝绳外层绳股表面的磨损，是由于它在压力作用下与滑轮和卷筒的绳槽接触摩擦造成的。这种现象在吊载加速和减速运动时，钢丝绳与滑轮接触的部位特别明显，并表现为外部钢丝磨成平面状。

b. 润滑不足或不正确的润滑以及存在灰尘和砂粒都会加剧磨损。

c. 磨损使钢丝绳的断面积减小因而强度降低。当外层钢丝磨损达到其直径的40%时，钢丝绳应报废。

d. 当钢丝绳直径相对于公称直径减小7%或更多时，即使未发现断丝，该钢丝绳也应报废。

② 内部腐蚀：内部腐蚀比经常伴随它出现的外部腐蚀较难发现。但下列现象可供识别：

a. 钢丝绳直径的变化。钢丝绳在绕过滑轮的弯曲部位直径通常变小。但对于静止段的钢丝绳则常由于外层绳股出现锈积而引起钢丝绳直径的增加。

b. 钢丝绳外层绳股间的空隙减小，还经常伴随出现外层绳股之间断丝。

c. 如果有任何内部腐蚀的迹象，则应由主管人员对钢丝绳进行内部检验。若确认有严重的内部腐蚀，则钢丝绳应立即报废。

③ 变形：钢丝绳失去正常形状产生肉眼可见的畸形方称"变形"。这种变形部位（或畸形部位）可能引起变化，它会导致钢丝绳内部应力分布不均匀。

3）安全钢丝绳是吊篮安全锁使用的专用钢丝绳，安全钢丝绳应单独设置，型号规格应与工作钢丝绳一致。

4）工作钢丝绳断裂时，防坠安全锁应能瞬时锁定安全钢丝绳，并防止吊篮坠落。此时吊篮全部荷载均施加在安全钢丝绳上。因此，其型号规格应与工作钢丝绳一致。

5）吊篮运行时安全钢丝绳应张紧悬挂。

6）在吊篮内进行电焊作业时，应对吊篮设备、钢丝绳、电缆采取保护措施。不得将电焊机放置在吊篮内；电焊缆线不得与吊篮任何部位接触；电焊钳不得搭挂在吊篮上。

7）工作钢丝绳最小直径不应小于 6mm；安全钢丝绳的型号、规格宜与工作钢丝绳相同，在正常运行时，安全钢丝绳应处于悬垂状态；安全钢丝绳必须独立于工作钢丝绳另行悬挂。

8）钢丝绳的固定应安全可靠，且要符合下列要求：

① 钢丝绳采用编结固接时，编结长度不得小于钢丝绳直径的 20 倍，并不短于 0.3m，在编结部分应捆扎细钢丝。

② 钢丝绳采用绳卡固接时，绳卡数量不得少于 3 个，最后一个卡子距绳头不得小于 0.14m。绳卡夹板应在受力的一侧，U 形螺栓须在钢丝绳尾端，不得正反交叉。卡子应拧紧到使两绳直径压扁 1/3 左右。绳卡固定后，待钢丝绳受力后应再次紧固。

9）在吊篮内进行电焊作业时，应对钢丝绳、电缆线采取保护措施。防止电焊火花灼烧钢丝绳及电缆线。

由于热或电弧的作用而引起的损坏：钢丝绳经受特殊热力的作用，其外表出现可以识别的颜色时，该钢丝绳应予报废。

（5）安装作业

1）吊篮应使用经检测合格的提升机：提升机应有产品合格证及说明书，在投入使用前应逐台进行动作试验，并按批量做荷载试验。吊篮和吊架的使用荷载不得超过 $120N/m^2$。

2）吊篮平台的组装长度应符合产品说明书和规范要求。吊篮悬挂高度在 60m 及其以下的，宜选用长边不大于 7.5m 的吊篮平台；悬挂高度在 100m 及其以下的，宜选用长边不大于 5.5m 的吊篮平台；悬挂高度在 100m 以上的，宜选用长边不大于 2.5m 的吊篮平台。

3）吊篮所用的构配件应是同一厂家的产品。高处作业吊篮组装前应确认结构件、紧固件已经配套且完好，其规格、型号和质量应符合设计要求（防止出现因配件不符而造成构造隐患的问题）。

4）检查吊篮组装是否符合设计要求。

① 吊篮组装必须与设计图纸相符。吊篮平台可采用焊接或螺栓连接，不允许使用钢管扣件连接方法组装。当使用电动提升机时，应在吊篮平台上下两个方向装设行程限位器，对其上下运行位置、距离进行限定。

② 对照图纸，观察检查，查看挑梁锚固或配重等抗倾覆装置是否合格。

a. 悬挑梁挑出长度应使吊篮钢丝绳垂直地面，并在挑梁两端分别用纵向水平杆将挑梁连接成整体。挑梁必须与建筑结构连接牢靠；当采用压重时，应确认配重的质量，并有固定措施，防止配重产生位移。钢丝绳与悬挑梁连接应有防止钢丝绳受剪措施。

b. 挑架一般用工字钢或槽钢焊成；挑架用 V 形固定环或预埋螺栓固定在屋顶上。挑梁可用组合天梁或工字钢通过预埋件固定在屋顶上。挑梁和挑架必须按设计要求与主体结构固定牢靠，挑梁挑出长度必须保证其抵抗力矩大于倾覆力矩的 3 倍，支撑设施中间应用纵向水平杆连接成整体以保证结构稳定。承受挑梁拉力的预埋吊环，应用直径不小于

16mm 的圆钢，埋入混凝土的长度大于 36cm，并与主筋焊接牢固。挑梁的挑出端应略高于固定端，挑梁之间纵向应用钢管或其他材料连接成整体。屋面支撑设施的配重的位置和重量应符合设计要求。

5）电动（手动）葫芦必须有产品合格证，非合格产品不得使用。电动（手动）葫芦的性能与技术参数必须和吊篮的技术要求相符合。

吊篮使用前应进行荷载试验。吊篮提升机应符合《高处作业吊篮》GB 19155—2003 的规定。吊篮平台组装后，应经 2 倍的均布额定荷载试压（不少于 4h）确认，并标明允许荷载质量。提升机应有产品合格证及说明书，在投入使用前应逐台进行动作试验，并按批量做荷载试验。吊篮和吊架的使用荷载不得超过 120N/m²。

（6）升降操作

1）升降操作作业属于特种作业，作业人员应先培训，培训合格取得上岗证后，持证上岗，并相对固定，如有人员变动必须重新培训熟悉作业环境。

2）吊篮作业时，非升降操作人员不得停留在吊篮内，在吊篮升降到位固定之前，其他作业人员不准进入吊篮内，且吊篮内的作业人员不应超过 2 人。

3）吊篮内作业人员应将安全带使用安全锁扣正确挂置在独立设置的专用安全绳上，同时还要佩戴安全帽等。

4）吊篮上的操作人员应配置独立于悬吊平台的安全绳及安全带或其他安全装置，应严格遵守操作规程。

5）吊篮正常工作时，人员应从地面进出吊篮。不得从建筑物顶部、窗口等处或其他孔洞进出吊篮。

6）检查两片吊篮连在一起同时升降有无同步装置，同步装置是否达到了同步升降。

① 单片吊篮升降（不多于 2 个吊点）时，可采用手动葫芦，2 人协调动作控制防止倾斜；多片吊篮同时升降（不多于 2 个吊点）时，可采用手动葫芦，2 人协调动作控制防止倾斜；多片吊篮同时升降（吊点在 2 个以上）时，必须采用电动葫芦，并有控制同步升降的装置，使吊篮同步升降不发生过大变形（同步平差不应超过 5cm）。

② 吊篮在建筑物外滑动时，应设防护墙。升降过程中不得碰撞建筑物，邻近阳台、洞口等部位，可设专人推动吊篮，升降到位后吊篮必须与建筑物拉牢固定。

2. 高处作业吊篮一般项目的检查要点

（1）交底与验收

1）检查吊篮在现场安装后，是否进行了空载安全运行试验；每次吊篮提升或下降到位固定后是否要进行安全防护设施的检查和验收。

① 吊篮在现场安装后，应经专业人员进行调试，并进行空载运行试验。并对安全装置的灵敏可靠性进行检验（操作系统、上限位装置、提升机、手动滑降装置、安全锁动作等均应灵活）。必要时报当地建筑安全监督管理部门验收，并办理监督备案手续。

② 每次吊篮提升或下降到位固定后，应进行安全防护设施的检查和验收。检查和验收的内容主要包括：所有临边、洞口等各类技术措施的设置情况；扣件和连接件的紧固情况；安全防护设施用品及设备的性能与质量是否合格的验证。安全防护设施的验收应按类别逐项检验，并做出验收记录。验收合格后方可上人作业。

2）每天班前、班后应对吊篮进行检查。

每天工作前应经过安全检查员核对配重和检查悬挂机构。每天工作前应进行空载运行，以确认设备处于正常状态。定期检查安全锁。提升机若发生异常温升和声响，应立即停止使用。下班后不得将吊篮停留在半空中，应将吊篮放至地面。人员离开吊篮、进行吊篮维修或每日收工后应将主电源切断，并将电气柜中各开关置于断开位置并加锁。

3）吊篮安装、使用前对作业人员进行安全技术交底，并留有文字记录。

吊篮脚手架拆除和使用之前，由施工负责人按照施工方案要求，针对队伍情况进行详细交底、分工并确定指挥人员。交底要有相关文字记录，签字手续要齐全。

（2）防护

1）吊篮平台周边的防护栏杆、挡脚板的设置应符合规范要求。

① 吊篮平台四周应装有固定式的安全护栏，护栏应设有腹杆，工作面的护栏高度不应低于0.8m，其余部位则不应低于1.1m，护栏应能承受1000N的水平集中载荷。吊篮平台底部四周应设有高度不小于150mm的挡脚板，挡脚板与底板间隙不应大于5mm。

② 吊篮脚手架外侧必须用密目式安全网或钢板网封闭，建筑物如有门窗等洞口时，也应进行防护。

单片吊篮提升时，吊篮的两端也应加设防护栏杆并用密目式安全网封严。

2）上下立体交叉作业时吊篮应设置防护顶板，且防护顶板的设置要符合要求。

① 进行上下立体交叉作业时，不得在同一垂直方向上操作。上下作业的位置，必须处于依上层高度确定的可能坠落范围半径之外。不符合以上条件，当有多层吊篮同时作业或建筑物各层作业有落物危险时，吊篮顶部应设置安全防护层，即防护顶板。防护顶板是吊篮脚手架的一部分，应按照施工方案要求同时组装、同时验收。

② 防护顶板的材料应采用5cm厚木板或相当于5cm厚木板强度的其他材料，材质必须坚实，无腐朽。防护顶板应绑扎钉牢，满铺，能承受坠落物的重力，不会砸破贯通，能起到防护作用。

（3）吊篮稳定

1）吊篮与作业面之间的距离应在规范要求范围内，确保吊篮内人员的作业需求及人身安全。作业时应采取防止摆动的措施。

吊篮升降到位必须确认与建筑物固定拉牢后方可上人操作，吊篮与建筑物水平距离不应大于20cm，当吊篮晃动时，应及时采取固定措施，人员不得在晃动中继续工作。吊篮内侧两端应装有可伸缩的护墙装置，使吊篮在工作时与结构面紧靠，以减少架体的摆动。确认脚手架已固定、不晃动以后方可上人作业。

2）在建筑物屋面上进行悬挂机构的组装时，作业人员应与屋面边缘保持2m以上的距离。组装场地狭小时应采取防坠落措施。

3）吊篮作业时，应排除影响吊篮正常运行的障碍。在吊篮下方可能造成坠落物伤害的范围，设置安全隔离区和警告标志，人员、车辆不得停留、通行。

4）检查吊篮钢丝绳是否有斜拉现象。

无论在升降过程中还是在吊篮定位状态下，提升钢丝绳必须与地面保持垂直，不准斜拉。若吊篮需横向移动时，应将吊篮下放到地面，放松提升钢丝绳，改变屋顶悬挑梁位置固定后，再提起吊篮。

（4）荷载

1）吊篮施工荷载应满足设计要求。

① 吊篮脚手架属工具式脚手架，其设计施工荷载为 $1kN/m^2$，吊篮内堆料及人员不应超过规定；

② 悬挂吊篮的支架支撑点处结构的承载能力，应大于所选择吊篮工况的荷载最大值。

2）吊篮施工荷载应均匀分布，防止超载。

3）严禁利用吊篮作为垂直运输设备。

4.3　注意事项

高处作业吊篮在安全检查中的注意事项包括：

（1）施工方案

1）检查中需注意专项施工方案编制及计算书有关吊篮支架支撑处结构验算情况。

2）注意专项施工方案审核、审批情况。

（2）安全装置

1）注意检查防坠安全锁安装情况及现场对吊篮进行安全锁锁绳角度试验。

2）注意核对防坠安全锁的标定日期。

3）注意观察是否设置挂设安全带的专用安全绳及安全锁扣及安全绳是否固定可靠。

4）注意吊篮是否安装上限位装置及吊篮触碰上限位挡板是否停止上升动作。

（3）悬挂机构

1）注意严禁将悬挂机构前支架支撑在女儿墙、挑檐等处。

2）注意前梁外伸长度要符合说明书规定。

3）注意检查前支架与支撑面垂直情况及脚轮固定情况。

4）前支架调节杆要固定在上支架与悬挑梁连接的节点处。

5）注意检查配重件是否完整无损。

6）注意观察配重件是否固定可靠，重量是否符合设计要求。

（4）钢丝绳

1）注意观察钢丝绳断丝、松股、硬弯、锈蚀情况是否符合规定，且不能有油污、附着物。

2）注意安全钢丝绳规格、型号与工作钢丝绳要相同且独立悬挂。

3）注意检查安全钢丝绳是否悬挂重锤。

4）利用吊篮进行电焊作业要对钢丝绳采取保护措施。

（5）安装作业

1）注意吊篮平台组装长度要符合产品说明书及规范要求。

2）注意观察吊篮各配件的出厂证明，组装的构配件需是同一生产厂家的产品。

（6）升降操作

1）注意升降操作人员必须经培训合格，并取得培训合格证。

2）注意查看吊篮内作业人员数量是否超过 2 人。

3）吊篮内作业人员要将安全带使用安全锁扣且正确挂置在独立设置的专用安全绳上。

4）吊篮正常使用时，注意观察人员是否是从地面进出篮内的。

（7）交底与验收

1）注意要履行验收程序且验收表要经责任人签字。

2）每天班前、班后要进行检查，检查日常维护保养记录。

3）吊篮安装、使用前要进行交底，且交底要留有文字记录。

（8）防护

1）吊篮平台周边的防护栏杆及挡脚板的设置要符合规范要求。

2）多层或立体交叉作业时要设置防护顶板。

（9）吊篮稳定

1）检查吊篮在作业时的固定情况，有没有采取防止摆动的措施。

2）注意吊篮钢丝绳要垂直且吊篮与建筑物之间的空隙不宜过大。

（10）荷载

注意施工荷载不能超过设计规定，且荷载堆放要均匀。

第 5 章　基　坑　工　程

5.1　检查范围

基坑工程的检查范围包括：
（1）保证项目：施工方案、基坑支护、降排水、基坑开挖、坑边荷载、安全防护。
（2）一般项目：基坑监测、支撑拆除、作业环境、应急预案。

5.2　检查要点

1. 基坑工程保证项目的检查要点

（1）施工方案

1）基坑工程应编制专项施工方案，基础施工要按照土质情况、基坑深度以及周边环境确定支护方案。

① 基坑工程施工应编制专项施工方案，开挖深度超过 3m 或未超过 3m 但地质条件和周边环境复杂的基坑土方开挖、支护、降水工程，应单独编制专项施工方案；

② 危险性较大的基坑工程应编制专项施工方案，应由施工单位技术、安全、质量等专业部门进行审核，施工单位技术负责人签字，超过一定规模的危险性较大的基坑工程由施工单位组织专家进行论证。

2）超过一定规模的基坑工程的专项施工方案应按规定组织专家论证（基坑深度超过 5m 的要做专项的支护设计）。

① 开挖深度虽未超过 5m，但地质条件、周围环境和地下管线复杂，或影响毗邻建（构）筑物安全的基坑（槽）的土方开挖、支护、降水工程，应组织专家进行论证；

② 开挖深度超过 5m 或深度虽未超过 5m 但地质情况和周围环境较复杂的深基坑，深基坑专项施工方案编制前，应确认深基坑的设计、施工安全性报告已通过专家评审。

3）对于位于运营地铁、隧道、重要地下市政管线等市政设施、历史保护建筑区内的深基坑工程，其专项施工方案应按相关行业主管部门的规定执行。

4）专项施工方案应按规定进行审核、审批。

施工方案的合理与否，不但直接影响施工的工期、造价，更主要的是对施工过程中的安全与否有直接影响，所以必须经上级审批。

5）基坑支护结构受到周边环境、开挖深度等影响，需改变原施工方案的，专项施工方案应重新进行审核、审批。

6）采用双机抬吊等非常规起重设备、方法，且单件起吊重量在 100kN 及以上的地下连续墙钢筋起重吊装工程，需编制专项吊装方案并经专家论证审查。

7）支撑采用爆破拆除时应编制支撑爆破专项方案，方案需经爆破危险品行业的专家论证审查。

（2）基坑支护

1）人工开挖的狭窄基槽，开挖深度较大并存在边坡塌方危险时，应采取支护措施。

① 在基础沟槽开挖过程中，随时观察支护的变化情况，若有明显的倾覆或隆起状态，立即在倾覆或隆起的部位增加对称支撑。

② 开挖深度较大或存在边坡塌方危险时，应按相关规定的适用条件选用放坡、悬臂式排桩支护结构等。

2）地质条件良好、土质均匀且无地下水的自然放坡的坡率应符合规范要求。

① 严格按设计及施工方案的内容，对不同土质，按不同放坡率进行放坡；

② 下列边坡不应采用坡率法：放坡开挖对拟建或相邻建（构）筑物有不利影响的边坡；地下水发育的边坡；稳定性差的边坡。

3）基坑支护结构应符合设计要求。

① 支护结构形式严格按设计及施工方案的内容进行施工；

② 当基坑不同部位的周边环境条件、土层性状、基坑深度等不同时，可在不同部位分别采用不同的支护形式；支护结构可采用上、下部位不同结构类型组合的形式。

4）基坑支护结构水平位移应在设计允许范围内。

（3）降排水

1）当基坑开挖深度范围内有地下水时，应采取有效的降排水措施。开挖深度小于3m时，可采用明排水降水；开挖深度大于3m时，可采用相适应的各类井点降水。

① 基坑降水可采用管井、真空井点、喷射井点等方法。

② 基坑内的设计降水水位应低于基坑底面0.5m。当主体结构的电梯井、集水井等部位使基坑局部加深时，应按其深度考虑设计降水水位或对其另行采取局部地下水控制措施。

③ 采用截水结合坑外减压降水的地下水控制方法时，应规定降水井水位的最大降深值。各降水井井位应沿基坑周边以一定间距形成闭合状。当地下水流速较小时，降水井宜等间距布置；当地下水流速较大时，在地下水补给方向宜适当减小降水井间距。对宽度较小的狭长形基坑，降水井也可在基坑一侧布置。

2）基坑边沿周围地面应设排水沟，放坡开挖时，应对坡顶、坡面、坡脚采取降排水措施。

3）基坑底四周应按专项施工方案设排水沟和集水井，并应及时排除积水。

① 地下排水措施宜根据边坡水文地质和工程地质条件选择，可选用大口径管井、水平排水管或排水截槽等。当排水管在地下水位以上时，应采取措施防止渗漏。

② 边坡工程应设泄水孔。对岩质边坡，其泄水孔宜优先设置于裂隙发育、渗水严重的部位。边坡坡脚、分级平台和支护结构前应设排水沟。当潜在破裂面渗水严重时，泄水孔宜深入至潜在滑裂面内。

③ 对坑底汇水、基坑周边地表汇水及降水井抽出的地下水，可采用明沟排水；对坑底以下渗出的地下水，可采用盲沟排水；当地下室底板与支护结构间不能设置明沟时，也可采用盲沟排水。

④ 明沟和盲沟坡度不宜小于0.3%。采用明沟排水时，沟底应采取防渗措施。采用盲

沟排出坑底渗出的地下水时，其构造、填充料及其密实度应满足主体结构的要求。

⑤ 沿排水沟宜每隔 30～50m 设置 1 口集水井；集水井的净截面尺寸应根据排水流量确定。集水井应采取防渗措施。

⑥ 基坑坡面渗水宜采用渗水部位插入导水管排出。导水管的间距、直径及长度应根据渗水量及渗水土层的特性确定。

⑦ 采用管道排水时，排水管道的直径应根据排水量确定。排水管的坡度不宜小于 0.5%。

（4）基坑开挖

1）构件强度必须在基坑支护结构达到设计要求的强度后，方可开挖下层土方，严禁提前开挖。

① 当支护结构构件强度达到开挖阶段的设计强度时，方可向下开挖；对采用预应力锚杆的支护结构，应在施加预加力后，方可开挖下层土方；对土钉墙，应在土钉、喷射混凝土面层的养护时间大于 2d 后，方可开挖下层土方。

② 当基坑开挖面上方的锚杆、土钉、支撑未达到设计要求时，严禁向下超挖土方。

③ 施工过程中，严禁设备或重物碰撞支撑、腰梁、锚杆等基坑支护结构，亦不得在支护结构上放置或悬挂重物。

2）基坑开挖应按设计和施工方案的要求，分层、分段、均衡开挖。

① 应按支护结构设计规定的施工顺序和开挖深度分层开挖。

② 开挖至锚杆、土钉施工作业面时，开挖面与锚杆、土钉的高差不宜大于 500mm。

③ 软土基坑开挖应符合下列规定：

a. 应按分层、分段、对称、均衡、适时的原则开挖；

b. 当主体结构采用桩基础且基础桩已施工完成时，应根据开挖面下软土的性状，限制每层开挖厚度；

c. 对采用内支撑的支护结构，宜采用开槽方法浇筑混凝土支撑或安装钢支撑；开挖到支撑作业面后，应及时进行支撑的施工；

d. 对重力式水泥土墙，沿水泥土墙方向应分区段开挖，每一开挖区段的长度不宜大于 40m。

④ 基坑土方应严格按照开挖方案分区、分层开挖，控制分区开挖面积、分层开挖深度和开挖速度，及时设置锚杆或支撑，从各个方面控制时间和空间对基坑变形的影响。

⑤ 基坑土方开挖应按设计和施工方案要求分层、分段、均衡开挖，并贯彻先锚固（支撑）后开挖、边开挖边监测、边开挖边防护的原则。严禁超深挖土。

3）基坑开挖应采取措施防止碰撞支护结构、工程桩或扰动基底原状土土层。

① 施工过程应结合现场的施工环境，选择合适的开挖机械进行土方开挖。

② 在工程桩周边进行开挖时，宜适当在工程桩周边安装护栏或在合适的地方悬挂警示标志。

③ 观察开挖面的能见度，必要时，需安装照明灯具进行补光。夜间施工宜在作业区附近张贴反光标志。

④ 开挖过程中专业人员应旁站指挥，确保开挖过程不碰撞支护结构。测量人员需加强开挖面标高的监测，防止超挖。

⑤ 机械开挖时，应在基坑及坑壁留 300～500mm 厚土用人工挖掘修整；如有超挖现象，应保持原状，不得虚填，经验槽后进行处理。

4）在软土场地或淤泥上挖土，当机械不能正常行走和作业时，应对挖土机械行走路线用铺设渣土或砂石等方法进行硬化。

（5）坑边荷载

1）基坑边堆置土、料具等荷载应在基坑支护设计允许范围内。

2）施工机械与基坑边沿的安全距离应符合设计要求。

① 在垂直的坑壁边，此安全距离还应适当加大，软土地区不宜在基坑边堆置弃土；

② 施工机具设备停放的位置必须平稳，大、中型施工机具距坑边距离应根据设备重量、基坑支撑情况、土质情况等，经计算确定。

（6）安全防护

1）开挖深度超过 2m 及以上的基坑周边必须安装防护栏杆，防护栏杆的安装应符合规范要求。

① 防护栏杆高度不应低于 1.2m；

② 防护栏杆应由横杆及立杆组成；横杆应设 2～3 道，下杆离地高度宜为 0.3～0.6m，上杆离地高度宜为 1.0～1.2m；立杆间距不宜大于 2.0m，立杆离坡边距离宜大于 0.5m；

③ 防护栏杆宜加挂密目式安全网和挡脚板；安全网应自上而下封闭设置；挡脚板高度不应小于 180mm，挡脚板下沿离地高度不应大于 10mm；

④ 防护栏杆的材料要有足够的强度，须安装牢固，上杆应能承受任何方向大于 1000N 的外力。

2）基坑内应设置供施工人员上下的专用梯道。梯道应设置扶手栏杆，梯道的宽度不应小于 1m，梯道搭设应符合规范要求。

3）降水井口应设置防护盖板或围栏，并应设置明显的警示标志。

① 采用井点降水时，井口应设置防护盖板或围栏，警示标志应明显。停止降水后，应及时将井填实；

② 注意保护井口，防止杂物掉入井内，经常检查排水管、沟，防止渗漏，冬季降水，应采取防冻措施。

2. 基坑工程一般项目的检查要点

（1）基坑监测

1）检查基坑开挖前是否编制监测方案，并应明确监测项目、监测报警值、监测方法和监测点的布置、监测周期等内容。

① 基坑开挖前应编制监测方案

a. 建筑基坑工程监测应综合考虑基坑工程设计方案、建设场地的岩土工程条件、周边环境条件、施工方案等因素，制定合理的监测方案，精心组织和实施监测；

b. 基坑工程施工前，监测单位应编制监测方案，监测方案需经建设方、设计方、监理方等认可；

c. 监测方案应包括工程概况、监测目的和依据等内容。

② 基坑开挖应明确监测项目

 a. 基坑工程的监测项目应与基坑工程设计、施工方案相匹配;

 b. 一级基坑监测项目:边坡顶部水平位移、边坡顶部竖向位移、深层水平位移、立柱竖向位移、支撑内力、锚杆内力、地下水位、周边地表竖向位移、周边建筑水平竖向位移及倾斜、周边建筑地表裂缝、周边管线变形;

 c. 基坑周边有地铁、隧道或其他对位移有特殊要求的建筑及设施时,监测项目应与有关单位协商确定。

 ③ 基坑监测应明确监测报警值

 a. 基坑工程监测必须确定监测报警值,监测报警值应满足基坑工程设计、地下结构设计以及周边环境中被保护对象的控制要求;

 b. 当出现特殊情况时,必须立即进行危险报警,并应对基坑支护结构和周边环境中的保护对象采取应急措施。

 ④ 基坑监测应明确监测方法和监测点的布置

 a. 基坑工程监测点的布置应能反映监测对象的实际状态及其变化趋势,监测点应布置在内力及变形关键特征点上,并应满足监控要求;

 b. 基坑工程监测点的布置应不妨碍监测对象的正常工作,并应减少对施工作业的不利影响;

 c. 基坑监测方法的选择应根据基坑类别、设计要求、场地条件、当地经验和方法适用性等因素综合确定,监测方法应合理易行。

 2) 监测的时间间隔应根据施工进度确定,当监测结果变化速率较大时,应加密监测次数。

 ① 基坑工程监测频率的确定应满足既能系统反映监测对象所测项目的重要变化过程而又不遗漏其变化时刻的要求。

 ② 监测项目的监测频率应综合考虑基坑类别、基坑及地下工程的不同施工阶段以及周边环境、自然条件的变化和当地经验来确定。当监测值相对稳定时,可适当降低监测频率。

 ③ 当出现下列情况之一时,应加强监测,提高监测频率。

 a. 监测数据达到报警值,监测数据变化较大或者速率加快;

 b. 存在勘察未发现的不良地质;

 c. 超深、超长开挖或未及时加撑等未按设计工况施工;

 d. 基坑及周边大量积水、长时间连续降雨、市政管道出现泄漏;

 e. 基坑附近地面荷载突然增大或超过设计限值;

 f. 支护结构出现开裂;

 g. 周边地面突发较大沉降或出现严重开裂;

 h. 邻近建筑突发较大沉降、不均匀沉降或出现严重开裂;

 i. 基坑底部、侧壁出现管涌、渗漏或流砂等现象,基坑工程发生事故后重新组织施工;

 j. 出现其他影响基坑及周边环境安全的异常情况,当有危险事故征兆时,应实时跟踪监测。

 3) 基坑开挖监测工程中,应根据设计要求提交阶段性监测报告。

① 基坑监测分析人员应具有较强的综合分析能力，能及时提供可靠的综合分析报告；

② 阶段性监测报告应包括该监测阶段相应的工程、气象及周边环境概况，该监测阶段的监测项目及测点的布置图等内容。

（2）支撑拆除

1）基坑支撑结构的拆除方式、拆除顺序应符合专项施工方案的要求。

① 施工单位应全面了解拆除工程的图纸和资料，进行现场勘察，编制施工组织设计或专项施工方案；

② 作业人员必须配备劳动保护服务用品；

③ 在拆除施工现场划定危险区域，设置警戒线和相关的安全标志，应派专人监管；

④ 拆除工程施工前，必须对施工作业人员进行书面安全技术交底；

⑤ 基坑支撑拆除主要采取人工拆除、机械拆除以及其他非常规拆除方式等，拆除按施工方案进行，拆除顺序应本着先施工的后拆除，后施工的先拆除的原则进行。即从下至上分层进行。

2）当采用机械拆除时，施工荷载应小于支撑结构的承载能力。

① 施工中必须由专人负责监测被拆除建筑的结构状态，做好记录。当发现有不稳定状态的趋势时，必须停止作业，采取有效措施，消除隐患。

② 拆除施工时，严禁超载作业或任意扩大使用范围。供机械设备使用的场地必须保证有足够的承载力。

③ 对较大尺寸的构件，必须采用起重机具及时吊至安全地方。

3）人工拆除时，应按规定设置防护设施。

① 拆除施工采用的脚手架必须按搭设方案施工，水平作业时，操作人员应保持安全距离；

② 进行人工拆除作业时，被拆除的构件应有安全的放置场所；

③ 人工拆除时，应采取相应措施确保安全后，方可进行拆除施工。

4）当采用爆破拆除、静力破碎拆除等方式时，必须符合国家现行相关规范的要求。

① 爆破拆除工程应根据周围环境条件、拆除对象、建筑类别、爆破规模，按照现行国家标准《爆破安全规程》GB 6722—2014 将工程分为 A、B、C 三级，并采取相应的安全技术措施。爆破拆除工程应做出安全评估并经当地有关部门审核批准后方可实施。

② 从事爆破拆除工程的施工单位，必须持有工程所在地法定部门核发的《爆炸物品使用许可证》，承担相应等级的爆破拆除工程。爆破拆除设计人员应具有承担爆破拆除作业范围和相应级别的爆破工程技术人员作业证。从事爆破拆除施工的作业人员应持证上岗。

③ 爆破拆除施工时，应对爆破部位进行覆盖和遮挡，覆盖材料和遮挡设施应牢固可靠。

④ 采用具有腐蚀性的静力破碎作业时，灌浆人员必须戴防护手套和防护眼镜。孔内注入破碎剂后，作业人员应与注孔保持安全距离，严禁在注孔区域行走。

⑤ 静力破碎剂严禁与其他材料混放。

⑥ 在相邻的两孔之间，严禁钻孔与注入破碎剂同步进行施工。

（3）作业环境

1）基坑内土方机械、施工人员的安全距离应符合规范要求。

施工人员应在机械回转半径以外工作。

2）上下垂直作业应按规定采取有效的防护措施。

① 进行上、下立体交叉作业时，下层作业的位置，必须在以上层高度确定的可能坠落范围半径之外，否则应设置安全防护层；

② 由于上方施工可能坠落物件或处于起重机把杆回转范围内受影响的区域，因此必须搭设顶部能防止穿透的双层防护廊。

3）在各种管线范围内挖土应设专人监护。

① 作业前，应明确记录施工场地明、暗设置物（电线、地下电缆、管道、坑道等）的地点及走向，用明显的记号表示；

② 严禁在其 1m 距离以内作业；

③ 机械不得靠近架空输电线路作业，并应按照《建筑机械使用安全技术规程》JGJ 33—2012 的规定留出安全距离；

④ 在电力、通信、燃气、上下水等管线 2m 范围内挖土时，应采取安全保护措施，并设专人监护。

4）施工作业区域应采光良好，当光线较弱时应设置有足够照度的光源。

① 工作面上要有足够的照度，并保持照度的稳定性；

② 光源位置要配置合理，以免产生直射或反射性眩光而引起眩目。

（4）应急预案

1）基坑工程应按规范要求结合工程施工过程中可能出现的支护变形、漏水等影响基坑工程安全的不利因素制定应急预案。

2）应急组织机构应健全，应急物资、材料、工具、机具等品种、规格、数量应满足应急的需要，并应符合应急预案的要求。

3）基坑工程应急预案内容要完善，应急物资、材料、工具、机具应存放在施工现场且设立专门仓库。

① 施工前按要求编制应急预案，常见事故类型有涌水、涌砂、坍塌、触电、物体打击、气体中毒、高空坠落等；

② 施工前应对作业人员进行应急预案交底、告知；

③ 仓库必须配备专门灭火器材；

④ 仓库内各种材料要分类摆放整齐，并做好标识；

⑤ 大型设备物资等不在项目部储存，要做好相应联系信息及外部其他单位的联系方式和应急路线等，在险情发生时能及时调用。

5.3 注意事项

基坑工程在安全检查中的注意事项包括：

（1）施工方案

1）注意基坑工程要编制专项施工方案。

2）专项施工方案要按规定审核、审批。

3）注意超过一定规模的基坑工程专项施工方案要按规定组织专家论证。

4）注意基坑周边环境或施工条件发生变化时，专项施工方案要重新进行审核、审批。

（2）基坑支护

1）注意人工开挖的狭窄基槽，开挖深度较大或存在边坡塌方危险时要采取支护措施。

2）自然放坡的坡率要符合专项施工方案及相关要求。

3）基坑支护结构要符合设计要求。

4）支护结构水平位移达到设计报警值时要采取有效控制措施。

（3）降排水

1）注意基坑开挖深度范围内有地下水时要采取有效的降排水措施。

2）基坑边沿周围地面要设排水沟且排水沟设置需符合规范要求。

3）放坡开挖对坡顶、坡面、坡脚要采取降排水措施。

4）基坑底四周要设排水沟和集水井且排除积水要及时。

（4）基坑开挖

1）注意支护结构构件强度要达到设计要求的强度后才可开挖下层土方。

2）要按设计和施工方案的要求分层、分段开挖且开挖需均衡。

3）基坑开挖过程中要采取防止碰撞支护结构或工程桩的有效措施。

4）机械在软土场地作业时，要采取铺设渣土、砂石等硬化措施。

（5）坑边荷载

1）注意基坑边堆置土、料具等荷载不能超过基坑支护设计允许值。

2）施工机械与基坑边沿的安全距离要符合设计要求。

（6）安全防护

1）注意开挖深度 2m 及以上的基坑周边要按规范要求设置防护栏杆且栏杆设置要符合规范要求。

2）基坑内要设置供施工人员上下的专用梯道且梯道设置要符合规范要求。

3）降水井口要设置防护盖板或围栏。

（7）基坑监测

1）注意要按要求进行基坑监测。

2）基坑监测项目要符合设计和规范要求。

3）监测的时间间隔要符合监测方案要求，同时监测结果变化速率较大时要加密监测次数。

4）要按设计要求提交监测报告且监测报告内容要完整。

（8）支撑拆除

1）注意基坑支撑结构的拆除方式、拆除顺序要符合专项施工方案要求。

2）机械拆除作业时，施工荷载需小于支撑结构承载能力。

3）人工拆除作业时，要按规定设置防护设施。

4）注意不允许采用非常规拆除方式，当采用时一定要符合国家现行相关规范的要求。

（9）作业环境

1）注意基坑内土方机械、施工人员的安全距离需符合规范要求。

2）上下垂直作业要采取防护措施。

3）在各种管线范围内挖土作业要设专人监护。

4）作业区采光要良好。

（10）应急预案

1）注意要按要求编制基坑工程应急预案且应急预案内容要完整。

2）注意应急组织机构应健全且应急物资、材料、工具、机具储备要符合应急预案要求。

第6章 模 板 支 架

6.1 检查范围

模板支架的检查范围包括：

（1）保证项目：施工方案、支架基础、支架构造、支架稳定、施工荷载、交底与验收。

（2）一般项目：杆件连接、底座与托座、构配件材质、支架拆除。

6.2 检查要点

1. 模板支架保证项目的检查要点

（1）施工方案

1）模板支架搭设应编制专项施工方案，结构设计应进行设计计算，并应按规定进行审核、审批。

① 方案编制人员：建设工程高大模板支撑系统的专项施工方案由项目技术负责人组织相关专业技术人员，依据国家现行相关标准规范，结合工程实际进行编制。

② 编制说明及依据：相关法律、法规、规范性文件、标准、规范及图纸（国标图集）、施工组织设计等。

③ 工程概况：高大模板工程特点、施工平面及立面布置、施工要求和技术保证条件，具体明确支模区域、支模标高、高度、支模范围内的梁截面尺寸、跨度、板厚、支撑的地基情况等。

④ 施工计划：施工进度计划、材料与设备计划等。

⑤ 施工工艺技术：高大模板支撑系统的基础处理、主要搭设方法、工艺要求、材料的力学性能指标、构造设置以及检查、验收要求等。

⑥ 施工安全保证措施：模板支撑体系搭设及混凝土浇筑区域管理人员组织机构、施工技术措施、模板安装和拆除的安全技术措施、施工应急救援预案，模板支撑系统在搭设、钢筋安装、混凝土浇捣过程中及混凝土终凝前后其位移的监测监控措施等。

⑦ 劳动力计划：包括专职安全生产管理人员、特种作业人员的配置等。

⑧ 计算书及相关图纸：验算项目及计算内容包括模板、模板支撑系统的主要结构强度和截面特征及各项荷载设计值及荷载组合，梁、板模板支撑系统的强度和刚度计算，梁板下立杆稳定性计算，立杆基础承载力验算，支撑系统支撑层承载力验算，转换层下支撑层承载力验算等。每项计算列出计算简图和截面构造大样图，注明材料尺寸、规格、纵横支撑间距。

⑨ 附图：包括支模区域立杆、纵横水平杆平面布置图，支撑系统立面图、剖面图，

水平剪刀撑布置平面图及竖向剪刀撑布置投影图，梁板支模大样图，支撑体系监测平面布置图及连墙件布设位置及节点大样图等。

2）超过一定规模的模板支架，专项施工方案应按规定组织专家论证。实行总承包的，由施工总承包单位组织召开专家论证会，并形成书面的专家组审查意见。施工单位根据专家组的论证报告，对专项施工方案进行修改完善，并经施工单位技术负责人、项目总监理工程师、建设单位项目负责人批准签字后组织实施。超过一定规模的危险性较大的支撑体系有：

① 工具式模板工程：包括滑模、爬模、飞模工程；

② 混凝土模板支撑工程：搭设高度 8m 及以上，搭设跨度 18m 及以上，施工总载荷 15kN/m² 及以上，集中线载荷 20kN/m² 及以上；

③ 承重支撑系统：用于钢结构安装等的满堂支撑体系，承受单点集中荷载 700kg 以上。

（2）支架基础

1）基础应坚实、平整，承载力应符合设计要求，并应能承受支架上部全部荷载。

支撑架体搭设场地应清除杂物，按方案要求平整、夯实；支架基础承载力应符合设计要求，并应能承受支架上部全部荷载，支撑底部基础不应发生沉陷和位移。

2）支架底部应按规范要求设置底座、垫板，垫板规格应符合规范要求。

支架底部应采用槽钢或枕木等作为承力垫板，垫板可采用长度不少于 2 跨、厚度不小于 50mm、宽度不小于 200mm 的木垫或仰铺 12～16 号槽钢，并应中心承载。钢管立柱底部应设垫木和底座，顶部应设可调支托。

3）支架底部纵、横向扫地杆的设置应符合相关规范要求。在立杆底座距地面 200mm 高处，沿纵横水平方向应按纵下横上的程序设扫地杆。

4）基础应采取排水设施，并应排水畅通。

① 支架底部基础应有排水设施，排水畅通，不得出现地基积水现象。对湿陷性黄土应有防水措施；对特别重要的结构工程必须有防止支架柱下沉的措施。

当支架设在楼面结构上时，应对楼面结构强度进行验算，必要时应对楼面结构采取加固措施。

② 立杆支撑点。施工荷载大于 10kN/m²，或集中线荷载大于 15kN/m² 的模板工程，当立杆落在地面上时，必须增设强度不低于 C10、厚度不小于 100mm 的混凝土垫层；当立杆落在楼面结构上时，下层楼板应具有承受上层施工荷载的承载能力，并应有承载力验算，否则应在楼板下采取可靠的支顶措施。

（3）支架构造

1）检查立杆间距是否符合设计要求；水平杆步距应符合设计和规范要求，水平杆应按规范要求连续设置。

2）竖向、水平剪刀撑或专用斜杆、水平斜杆的设置应符合规范要求。

3）支架构造的选材及安装应按设计要求进行，基础上的支撑点应牢固平整，支撑在安装过程中应考虑必要的临时固定措施，以保证稳定性。

① 立杆间距。梁和板的立柱其纵横向间距应相等或成倍数，间距应符合设计要求。

② 木立柱底部应设垫木，顶部应设支撑头；钢管立柱底部应设垫木和底座，顶部应

设可调支托、U形支托与楞梁，两侧间如有间隙必须楔紧，其螺杆伸出钢管顶部不得大于200mm，螺杆外径与立柱管内径间隙不得大于3mm，安装时应保证上下同心。

③ 水平杆设置。在立柱底部距地面200mm高处，沿纵横水平方向应按纵下横上的程序设置扫地杆，扫地杆与顶部水平拉杆的间距在满足模板设计所确定的水平拉杆步距要求条件下进行平均分配，确定步距后在每一步距处纵横向应各设1道水平拉杆，当层高在8~20m时在最顶步距两道水平拉杆中间应加设1道水平拉杆；当层高大于20m时在最顶两步距水平拉杆中间应分别增加1道水平拉杆，所有水平拉杆的端部均应与四周建筑物顶紧顶牢。当无处可顶时应在水平拉杆端部和中部沿竖向设置连续式剪刀撑。

4）剪刀撑设置。模板支架应根据架体的类型设置剪刀撑。普通型架体在外侧周边及内部纵、横向每5~8m，应由底至顶设置连续竖向剪刀撑，剪刀撑宽度应为5~8m。

5）在竖向剪刀撑顶部交点平面内应设置连续水平剪刀撑。扫地杆的设置层设置水平剪刀撑。水平剪刀撑至架体平面距离及水平剪刀撑间距不应超过8m。

6）剪刀撑的构造应符合下列规定：剪刀撑斜杆与地面倾角宜在45°~60°之间；剪刀撑斜杆的接长应采用搭接；剪刀撑应用旋转扣件固定在与之相交的横向水平杆的伸出端或立杆上，旋转扣件中心线至主节点的距离不宜大于150mm；设置水平剪刀撑时，有剪刀撑斜杆的框格数量应大于框格总数的1/3。

7）当采用碗扣式钢管脚手架作立柱支撑时，斜杆设置应符合以下要求：

① 模板支架应根据所承受的荷载选择立杆的间距和步距，底层纵、横向水平杆作为扫地杆，距地面高度应小于或等于350mm，立杆底部应设置可调底座或固定底座；立杆上端包括可调螺杆伸出顶层水平杆的长度不得大于0.7m。

② 模板支架应按规定设置斜杆，当模板支架周围有主体结构时，应设置连墙件。

③ 模板支架高宽比应小于或等于2；当高宽比大于2时可采取扩大下部架体尺寸或采取其他加强措施。

④ 模板下方应放置次楞（梁）与主楞（梁），次楞（梁）与主楞（梁）应按受弯杆件设计计算。支架立杆上端应采用U形托撑，托撑应在主楞（梁）底部。

（4）支架稳定

1）支架高宽比大于规定值时，应按规定设置连墙件或采用增加架体宽度的加强措施。

当满堂支撑架高宽比不满足规范规定（高宽比大于2或2.5）时，满堂支撑架应在支架四周和中部与结构柱进行刚性连接，连墙件水平间距应为6~9m，竖向间距应为2~3m。在无结构柱部位应采取预埋钢管等措施与建筑结构进行刚性连接，在有空间部位，满堂支撑架宜超出顶部加载区投影范围向外延伸布置2~3跨。支撑架高宽比不应大于3。即满堂支架搭设高度与宽度之比大于规范规定的独立支撑系统，应按要求加设保证整体稳定的构造措施。

2）立杆伸出顶层水平杆中心线至支撑点的长度应符合规范要求。

立杆伸出顶层水平杆中心线至支撑点的长度不应超过0.5m。满堂支撑架的可调底座、可调托撑螺杆伸出长度不宜超过300mm，插入立杆内的长度不得小于150mm。

3）满堂支撑架在使用过程中，应设专人监护施工，当现场出现异常情况时，应立即停止施工，并应迅速撤离作业面上人员。

4）浇筑混凝土时应对架体基础沉降、架体变形进行监控，基础沉降、架体变形应在规范允许范围内。

（5）施工荷载

1）施工均布荷载、集中荷载应在设计允许范围内。

① 模板应具有足够的承载能力、刚度和稳定性，应能可靠承受新浇混凝土自重和侧压力及施工过程中所产生的荷载。

② 模板上的施工荷载应进行设计计算，设计计算时应考虑以下各种荷载效应组合：新浇混凝土自重、钢筋自重、施工人员及施工设备荷载、新浇混凝土对模板的侧压力、倾倒混凝土时产生的荷载，综合以上荷载值再设计模板上施工荷载值。

③ 现浇式整体模板上的施工荷载一般按 $2.5kN/m^2$ 计算，并以 $2.5kN$ 的集中荷载进行验算，新浇混凝土按实际厚度计算重量。当模板上荷载有特殊要求时，按施工方案设计要求进行检查。

④ 模板上物料和施工设备应合理分散堆放，不应造成荷载的过多集中，尤其是滑模、爬模等模板施工，应使每个提升设备的荷载相差不大，保持模板平稳上升。

2）浇筑混凝土时，应对混凝土堆积高度进行控制。

① 各种模板若露天存放，其下应垫高 30cm 以上，防止受潮，并应用帆布等遮盖。不论存放在室内或室外，应按不同的规格堆码整齐，用麻绳或镀锌铁丝系稳。模板堆放不得过高，以免倾倒。堆放地点应选择在平稳之处，钢模板部件拆除后，临时堆放处离楼层边缘不应小于 1m，堆放高度不得超过 6m。楼梯口、通道口、脚手架边缘等处，不得堆放模板。操作层上临时拆下的模板堆放不能超过 3 层。在大风地区或大风季节施工时，模板应有抗风的临时加固措施。使用后木模板应拔出铁钉，分类进库，堆放整齐，若为露天堆放，顶面应遮防雨篷布。

② 检查各种模板堆放是否整齐，是否存在堆放过高等不符合安全要求的现象。

（6）交底与验收

1）支架搭设（拆除）前应进行交底，并应有交底记录。

模板安装和拆除工作必须严格按施工方案进行，正式工作之前要进行安全技术交底，确保施工过程的安全。满堂模板、建筑层高 8m 及以上和梁跨大于或等于 15m 的模板，在安装、拆除作业前，工程技术人员应以书面形式向作业班组进行施工操作的安全技术交底，安全技术交底的内容应包括模板支撑工程工艺、工序、作业要点和搭设安全技术要求等，方案编制人员应参与交底工作。作业班组应对照书面交底进行上下班的自检和互检。

2）支架搭设完毕后，应按规定组织验收，验收应有量化内容并经责任人签字确认。

① 模板支架搭设前，应由项目技术负责人组织对需要处理或加固的地基基础进行验收，对模板支撑系统的结构材料应按规定进行验收、抽检和检测，并留存记录资料。

② 模板工程安装后，必须进行验收，分段支设的模板必须进行分段验收。应由现场技术负责人组织，按照施工方案进行验收。检查、验收、签字人员至少 3 人以上。施工现场使用滑模、飞模、爬模等自升式架设设施时，应在其安装完毕、验收合格后，提交当地建筑安全监督管理部门复验，并办理相关备案手续。

③ 模板工程应按楼层，用模板分项工程质量检验评定表和施工组织设计有关内容检查验收，班组长和项目部施工负责人均应签字，手续齐全。验收内容包括模板分项工程质

量检验评定表、保证项目、一般项目、允许偏差项目以及施工组织设计的有关内容。

2. 模板支架一般项目的检查要点

（1）杆件连接

1）立杆应采用对接、套接或承插式连接方式，并应符合要求。

立杆接长应满足支撑高度的最少节点原则。支撑立杆接长后仍不能满足所需高度时可以在立杆上部采用扣件搭接接长，用于调节立杆顶部标高。搭接长度不应小于1m，应采用不少于2个旋转扣件固定，相邻两立杆的对接接头不得在同步内，且对接接头沿竖向错开的距离不宜小于500mm，各接头中心距主节点不宜大于步距的1/3。严禁将上段的钢管立柱与下段的钢管立柱错开固定在水平拉杆上。

2）水平杆的连接应符合规范要求，水平杆及剪刀撑应采用斜杆连接。

木立柱的扫地杆、水平拉杆、剪刀撑应采用40mm×50mm木条或25mm×80mm的木板条与木立柱钉牢。钢管立柱的扫地杆、水平拉杆、剪刀撑应采用 ϕ48×3.5mm的钢管用扣件与钢管立柱扣牢。钢管扫地杆、水平拉杆应采用对接，剪刀撑应采用搭接，搭接长度不得小于500mm，并应采用2个旋转扣件分别在离杆端不小于100mm处进行固定。

3）当剪刀撑斜杆采用搭接时，搭接长度不应小于1m，剪刀撑与支架杆件连接还应符合以下规定：

① 与立杆相交的剪刀撑两端部应与立杆用扣件连接；

② 跨越立杆根数小于4根时，应与立杆全数用扣件连接；

③ 跨越立杆根数大于4根时，与立杆的节点应大于等于4，并不少于相交立杆总数的50%；

④ 杆件各连接点的紧固应符合规范要求。扣件的螺栓拧紧扭力矩不应小于40N·m且不应大于65N·m。

（2）底座与托座

1）可调底座、托撑螺杆直径应与立杆内径匹配，配合间隙应符合要求。

2）螺杆旋入螺母内长度不应小于5倍的螺距。

3）钢管立柱底部应设垫木和底座，顶部应设可调支托，U形支托与楞梁两侧间如有间隙，必须楔紧，其螺杆伸出钢管顶部不得大于200mm，螺杆外径与立柱钢管内径的间隙不得大于3mm，安装时应保证上下同心。

（3）构配件材质

1）杆件弯曲、变形、锈蚀量应在规范允许范围内。

满堂脚手架采用的钢管不得有严重锈蚀、弯曲、压扁及裂纹，钢管上严禁打孔。用于模板支架的旧钢管外表面锈蚀深度不得超过0.18mm，每年应对钢管锈蚀情况至少进行一次检查，当锈蚀深度超过规定值时不得使用。钢管外径偏差不得大于0.5mm；壁厚不得小于公称尺寸的90%；端面等斜切偏差不得大于1.5mm。

2）构配件材质、规格、型号应符合规范要求。

满堂脚手架用钢管、扣件、脚手板、可调托撑等应按规范的规定和脚手架专项施工方案要求进行检查验收，不合格产品不得使用。钢管应符合现行国家标准《直缝电焊钢管》GB/T 13793—2008或《低压流体输送用焊接钢管》GB/T 3091—2008中规定的Q235普通钢管的要求，并应符合现行国家标准《钢管脚手架扣件》GB 15831—2006的规定，扣件在螺栓拧紧扭力矩达到 65N·m 时，不得发生破坏。

3) 钢管壁厚应符合规范要求。

4) 扣件应进行防锈处理，使用前应逐个挑选，有裂缝、变形、螺栓出现滑丝的严禁使用。

（4）支架拆除

1) 支架拆除前结构的混凝土强度应达到设计要求。模板的拆除措施应经技术主管部门或负责人批准，拆除模板的时间可按现行国家标准《混凝土结构工程施工质量验收规范》GB 50204—2015 的有关规定执行。冬期施工的拆模，应符合专门规定。

2) 模板支架拆除前应设置警戒区，并设专人监护。模板的拆除工作应设专人指挥。作业区应设围栏，其内不得有其他工种作业，并应设专人负责监护。拆下的模板、零配件严禁抛掷。

6.3　注意事项

模板支架在安全检查中的注意事项包括：

（1）施工方案

1) 注意要按规定编制专项施工方案且结构设计要经设计计算。

2) 注意专项施工方案要经审核、审批。

3) 超过一定规模的模板支架，专项施工方案要按规定组织专家论证。

4) 专项施工方案中需明确混凝土浇筑方式。

（2）支架基础

1) 注意支架基础要坚实、平整，承载力要符合专项施工方案要求。

2) 支架底部要设置垫板且垫板的规格也要符合规范要求。

3) 支架底部要按规范要求设置底座。

4) 要按规范要求设置扫地杆。

5) 注意要采取排水措施。

6) 注意支架设在楼面结构上时，要对楼面结构的承载力进行验算且楼面结构下方要采取加固措施。

（3）支架构造

1) 注意立杆纵、横间距不应大于设计和规范要求。

2) 注意水平杆步距应符合设计和规范要求。

3) 注意水平杆要连续设置。

4) 要按规范要求设置竖向剪刀撑或专用斜杆。

5) 要按规范要求设置水平剪刀撑或专用水平斜杆。

6) 剪刀撑或斜杆设置需符合规范要求。

（4）支架稳定

1) 注意支架高宽比超过规范要求时要采取与建筑结构刚性连接或增加架体宽度等措施。

2) 注意立杆伸出顶层水平杆的长度不应超过规范要求。

3）浇筑混凝土要对支架的基础沉降、架体变形采取监测措施。

（5）施工荷载

1）注意荷载堆放要均匀。

2）施工荷载不能超过设计规定。

3）浇筑混凝土要对混凝土堆积高度进行控制。

（6）交底与验收

1）注意支架搭设、拆除前要进行交底并且要有文字记录。

2）架体搭设完毕后要办理验收手续。

3）验收内容要进行量化，同时要经责任人签字确认。

（7）杆件连接

1）注意立杆连接要符合规范要求。

2）水平杆连接也需符合规范要求。

3）剪刀撑斜杆接长要符合规范要求。

4）杆件各连接点的紧固要符合规范要求。

（8）底座与托座

1）注意螺杆直径与立杆内径要匹配。

2）螺杆旋入螺母内的长度或外伸长度要符合规范要求。

（9）构配件材质

1）钢管、构配件的规格、型号、材质要符合规范要求。

2）注意防止杆件弯曲、变形、锈蚀严重等现象出现。

（10）支架拆除

1）注意支架拆除前要确认混凝土强度是否达到设计要求。

2）注意要按规定设置警戒区同时要设置专人监护。

第7章 高 处 作 业

7.1 检查范围

高处作业检查评定项目包括：安全帽、安全网、安全带、临边防护、洞口防护、通道口防护、攀登作业、悬空作业、移动式操作平台、悬挑式物料钢平台。

7.2 检查要点

高处作业的检查要点包括：

（1）安全帽

1）进入施工现场的人员必须正确佩戴安全帽，检查工地上是否有人不戴安全帽。

① 凡进入施工现场的所有人员都必须佩戴安全帽。选用与自己头型相适合的安全帽，帽衬顶端与帽壳内顶必须保持 25～50mm 的空间，有了这个空间，才能形成一个能量吸收系统，才能使冲击力分布在头盖骨的整个面积上，减轻对头部的伤害。

② 必须戴正安全帽。如果戴歪了，一旦头部受到物体打击，就不能减轻对头部的伤害。

③ 必须扣好下颌带。不扣好下颌带，一旦发生坠落或物体打击，安全帽就会离开头部，这样起不到保护作用，或达不到最佳效果。

2）现场使用的安全帽必须是符合国家相应标准的合格产品。检查现场是否有不符合标准要求的安全帽。

① 现场抽样检查，检查安全帽的有关合格证资料，检查安全帽验收记录、现场安全帽检测记录，必要时现场见证取样，送有相应检测资质的实验室进行质量检测，查看是否有安全帽不符合标准要求的现象。

② 安全帽是用来保护头部、防止物体打击头部和自身头部意外撞击物体的个人防护用品。安全帽的结构、尺寸、颜色、材料、物理性能、技术性能等要求应符合现行国家标准《安全帽》GB 2811—2007 的有关规定。每顶安全帽上都应有以下三项永久标记：制造厂名称及商标型号；制造年、月；许可证编号。每顶安全帽出厂时，必须有检验部门批量验证和工厂检验合格证。

③ 安全帽在使用过程中会逐渐损坏，要经常进行外观检查。如果发现帽壳与帽衬有异常损伤、裂痕等现象，水平承重间距达不到标准要求的，就不能使用。

④ 安全帽如果较长时间不用，则需存放在干燥通风的地方，远离热源，避免日光直射。

⑤ 安全帽的使用期限：塑料的不超过两年半，玻璃钢的不超过 3 年。到期的安全帽要进行抽查测试。

⑥ 休息时不要将安全帽当凳子坐，下班后不要把安全帽当作盛东西的容器 。

（2）安全网

1）在建工程外脚手架的外侧应使用密目式安全网进行封闭；施工过程中，为防止落物和减少污染，必须采用密目式安全网对建筑物进行全封闭。

① 外脚手架施工时，落地单排或双排脚手架的外排杆，随脚手架的升高用密目网封闭。

② 里脚手架施工时，在距建筑物外侧10cm处搭设单排脚手架，随建筑物的升高（高出作业地面1.5m）用密目网封闭。当防护架距离建筑物尺寸较大时，应同时做好脚手架与建筑物每层之间的水平防护。

③ 当乘用升降脚手架或悬挑脚手架施工时，除用密目网将升降脚手架或悬挑脚手架进行封闭外，还应对下部暴露出的建筑物的门窗等孔洞及框架柱之间的临边，按临边防护的标准进行防护。

2）安全网的质量应符合规范要求（包括安全网的规格、材质）。同时还应查看现场安全网是否有建筑安全部门核发的准用证，准用证是否在有效期内，是否符合当地建筑安全部门的有关规定。

① 安全网的质量应符合《安全网》GB 5725—2009 的要求，安全网必须经国家指定的监督检验部门按规范进行检验，取得安全网生产许可证后方可生产。安全网出厂时必须有国家指定的监督检验部门批量验证和工厂检验合格证，经项目部逐件验收合格并送专业检测机构检测合格后方可使用。同时取得建筑安全监督部门复查后核发的准用证。

② 密目式安全网用作立网，其构造为：网目密度不低于 2000 目/100cm；安全网的结构、尺寸、颜色、材料、物理性能、技术性能等应符合现行国家标准的要求。

③ 安全网上所有绳结或节点必须固定。安全网不得有严重变形、磨损、断裂、霉变、节点松脱等现象。

④ 安全网在储存、运输中，必须通风、避光、隔垫，同时避免化学物的侵袭，袋装安全网在搬运时，禁止用钩子。储存期超过 2 年者，按 0.2％抽样，不足 1000 张时抽样 2张进行实验，符合规范要求后方可使用。

⑤ 密目式安全网每张网上应牢固地缝永久性标牌，包括下列内容：产品名称、产品标记、商标、制造厂名、厂址、制造批号、生产日期、工业产品许可证编号（生产许可证每 2 年更换一次）。

（3）安全带

1）现场高处作业人员应按规定系挂安全带，查看是否有人未系安全带而进行高处作业。

安全带是用于防止人体坠落的防护用品，它同安全帽一样属于个人防护用品，无论工地内独立悬空作业的有多少人，只要有一人不按规定佩戴安全带，就存在着坠落的隐患。

2）安全带的系挂、使用应符合规范要求，查看施工现场使用、系挂安全带是否符合要求。

① 安全带应高挂低用，注意防止摆动碰撞，使用3m以上长绳应加缓冲器，自锁钩用吊绳例外。

② 缓冲器、速差式装置和自锁钩可以串联使用。

③ 不准将绳打结使用，以免绳结受力后剪断。也不准将钩直接挂在安全绳上使用，应挂在连环上使用，更不准将钩直接挂在不牢固物体和非金属绳上，防止绳被割断。

④ 安全带上的各种部件不得任意拆掉。更换新绳时要注意加绳套。安全带使用2年以后，使用单位应按购进批量的大小，选择一定的数量，作一次抽检，用80kg的沙袋做自由落体实验，若未破断可继续使用，但抽检的样带应报废。

3) 安全带的质量应符合规范要求。查看安全带厂家的生产许可证、出厂合格证。检查安全带是否合格还需符合以下要求：

① 安全带是用于防止人体坠落的防护用品，它同安全帽一样属于个人防护用品。安全带的带体上应缝有永久字样的商标、合格证和检验证。合格证上应注明：产品商标、生产日期、拉力试验、冲击试验、制造厂名、检验员姓名等。

② 安全带的结构、尺寸、颜色、材料、物理性能、技术性能等应符合现行国家标准《安全带》GB 6095—2009的有关规定。安全带外观有破损或发现异常时，应立即更换。安全带应储藏在干燥通风的仓库内，不准接触高温旺火、强酸和尖锐的坚硬物体，也不准长期暴晒。

③ 安全带使用期为3～5年，发现异常应提前报废。使用2年后，按批量抽检，以80kg质量做自由坠落试验，不破断为合格。

④ 冲击力的大小主要由人体体重和坠落距离而定，坠落距离与安全挂绳长度有关。使用3m以上长绳应加缓冲器，单腰带式安全带冲击试验荷载不应超过9.0kN。

⑤ 做冲击负荷试验。对架子工安全带：抬高1m试验，以100kg质量拴挂，自由坠落不破断为合格。腰带和吊绳破断力不应低于1.5kN。

（4）临边防护

1) 作业面边沿应设置连续的临边防护设施。

2) 临边防护设施的构造、强度应符合规范要求，做到严密、连续。

3) 临边防护设施宜定型化、工具化，杆件的规格及连续固定方式应符合要求。

4) 临边防护具体的设置措施

① 在沟、坑、深基础周边，楼层周边，梯段侧边，平台或阳台边，屋面周边等地方施工都要设置防护栏杆。防护栏杆由上、下两道横杆及杆柱组成，上杆离地高度为1.0～1.2m，下杆离地高度为0.5～0.6m。横杆长度大于2m时，必须加设栏杆立柱。

② 分层施工的楼梯口和梯段边，必须安装临边防护栏杆；梯段边应设置2道栏杆，作为临时护栏。

③ 垂直运输设备的井架、施工用电梯等与建筑相连的通道两侧边，亦需加设防护栏杆，栏杆下部还必须加设挡脚板或挡脚竹笆。

④ 当栏杆在基坑四周固定时，可采用钢管打入地面50～70cm深。钢管离基坑边口的距离不应小于50cm。当基坑周边采用板桩时，钢管可以打在板桩外侧。

⑤ 当在混凝土楼面、屋面或墙面固定时，可以用预埋件与钢管或钢筋焊牢，采用竹、木栏杆时，可在预埋件上焊接30cm长的L50×5角钢，其上下各钻1个孔，然后用10mm螺栓与竹、木杆件拴牢。

⑥ 栏杆柱的固定及其与横杆的连接，其整体构造应使防护栏杆在上杆任何处，能经受任何方向的1000N外力。当栏杆所处位置有发生人群拥挤、车辆冲击或物体碰撞等可

能时，应加大横杆截面或加密柱距。

⑦ 防护栏杆必须自上而下用安全立网封闭，或在栏杆下边设置严密固定的高度不低于 18cm 的挡脚板。

⑧ 当临边外侧临街道时，除设置防护栏杆外，敞口立面必须采取悬挂密目网作全封闭处理。

（5）洞口防护

在建工程的预留洞口、楼梯口、电梯井口应有防护措施；防护设施应铺设严密，符合规范要求；防护设施应达到定型化、工具化；电梯井内每隔 2 层且不大于 10m 应设置安全平网防护。

1）楼梯口、电梯井口的安全防护

① 《建筑施工高处作业安全技术规范》JGJ 80—1991 规定，进行洞口作业以及在因工程和工序需要而产生的，使人与物有坠落危险或危及人身安全的其他洞口进行高处作业时，必须按规定设置防护设施。

② 楼梯口应设置防护栏杆，电梯井口除设置高度不低于 1.2m 的金属防护门（门栅网格的间距不应大于 15cm），还应在电梯井内首层和首层以上每隔 2 层（不大于 10m）设置 1 道安全平网。平网内无杂物，网与井壁间隙不大于 10cm。当防护高度超过 1 个标准层时，不得采用脚手板等硬质材料作水平防护。未经上级主管部门批准，电梯井不得作垂直运输通道和垃圾通道。

③ 防护栏杆、防护栅门应符合规范规定，整齐牢固，与现场规范化管理相适应。

2）预留洞口、坑、井防护

① 按照《建筑施工高处作业安全技术规范》JGJ 80—1991 的规定，对孔洞口（水平孔洞短边尺寸大于 25cm，竖向孔洞高度大于 75cm）都要进行防护。

② 楼板、屋面和平台等面上，短边长度小于 25cm 但大于 2.5cm 的孔口，必须用坚实的盖板予以覆盖。

③ 楼板、屋面和平台等面上，短边长度为 25～50cm 的洞口、安装预制构件时的洞口，以及缺件时形成的洞口等处，可用竹、木等作盖板覆盖洞口，盖板必须保持四周搁置均衡，并有固定其位置的措施。

④ 楼板、屋面和平台等面上，短边长度为 50～150cm 的洞口，必须设置以扣件扣接钢管而成的网格，并在其上铺竹笆或脚手板，也可采用预埋在混凝土楼板内的钢筋网构成防护网，钢筋网格的间距不得大于 20cm。

⑤ 楼板、屋面和平台等面上，短边长度在 150cm 以上的洞口，四周设 2 道防护栏杆，下拉安全平网。墙面等处的竖向洞口，凡落地的洞口应加装开关式、工具式或固定式的防护门，门栅网格的间距应不应大于 15cm；也可采用防护栏杆，下设挡脚板。下边沿至地面或楼面低于 80cm 的窗台等竖向洞口，如外侧落差大于 2m 时，应加设高至 1.2m 的 2 道防护栏杆。邻近人与物有坠落危险的其他竖向的孔、洞口，均应予以盖设或加以防护，并有固定其位置的措施。

（6）通道口防护

1）检查在建工程地面入口处和施工现场人员流动密集的通道上方（结构施工自 2 层起，人员进出的通道口包括井架、施工升降机的进出口通道）是否设置了防护棚。同时通道口防护应严密、牢固，防护棚两侧应采取封闭措施。建筑物的出入口应搭设长 3～6m，宽于出入通道两侧各 1m 的防护棚，棚顶应铺不小于 5cm 厚木板或相当于 5cm 厚木板强度的其他材料，非出入口和通道两侧应沿栏杆架用密目式安全网封严。出入口处防护棚的长度应视建筑物高度而定，符合坠落半径的尺寸要求。建筑高度 $h=2～5m$ 时，坠落半径 R 为 2m；建筑高度 $h=5～15m$ 时，坠落半径 R 为 3m；建筑高度 $h=15～30m$ 时，坠落半径 R 为 4m；建筑高度 $h>30m$ 时，坠落半径 R 为 5m 以上。

2）检查现场每一处防护棚搭设是否牢固，防护棚的材质应符合规范要求。

① 防护棚立杆及拉杆应牢固，不歪斜，顶棚严密。不论使用钢管、木、竹作立杆及拉杆，还是用竹、木板作顶棚，材质都应符合搭设脚手架的材质要求。

② 当使用竹笆张度较低材料时，应采用双层防护棚，以便落物达到缓冲。

③ 防护棚上部严禁堆放材料，若因场地狭小，防护棚兼作物料堆放架时，必须经计算确定，按设计图纸验收。

3）防护棚宽度应大于通道口宽度，长度应符合规范要求。

4）建筑物高度超过 24m 时，通道口防护顶棚应采用双层防护，由于上方施工可能坠落物件或处于塔吊回转范围内的通道，必须搭设能防止穿透的双层防护棚，顶层应满铺双层脚手板。

（7）攀登作业

1）梯子的材质和制作质量应符合规范要求，按现行的标准验收合格后方可使用。

2）使用梯子攀登作业时，梯脚底部应坚实，不得垫高使用，并采取包扎、钉胶皮、锚固等防滑措施；攀登的用具，结构构造必须牢固可靠；梯子的种类和形式不同，其安全防护措施也不同。安全检查时登高用梯子的使用必须符合以下几点：

① 立梯：工作角度以 70°～80° 为宜，梯子上端应固定，踏板上下间距以 30cm 为宜，不得有缺档。

② 折梯：上部夹角以 35°～45° 为宜，铰链须牢固，并有可靠的拉撑措施。

③ 固定式直爬梯：应用金属材料制成，梯宽不应大于 50cm，支撑应采用不小于 L70×6 金属角钢，埋设与焊接均必须牢固。梯子顶端的踏棍应与攀登的顶面齐平，并加设 1～1.5m 高的扶手。攀登高度以 5m 为宜，超过 2m 时宜加设护笼，超过 8m 时须设平台。

④ 梯子如需接长使用，必须有可靠的连接措施，且接头不得超过 1 处，强度不得低于单梯梁的强度。

⑤ 移动式梯子的种类甚多，使用也最频繁，往往随手搬用，不加细查。因此，除新梯在使用前须按照现行的国家标准进行质量验收外，还需经常性地进行检查和检修。

3）任何作登高用的梯子，其结构都要牢固可靠。供作业人员上下的踏板，其使用荷载应大于 1100N。当梯面上有特殊作业，压在踏板的重量有可能超过上述荷载值时，应按实际情况以梯子踏板加以验算，如果达不到要求，就要更换或予以加固，以确保安全。

4）人员应从规定的通道上下，不得在非规定通道进行攀登，也不得任意利用吊车臂架等施工设备进行攀登。上下梯子时必须面向梯子，且不得手持器物。

5）检查钢结构安装用登高设施时应符合以下几点要求：

① 操作人员必须配备与人身安全有关的防护用品。

② 登高安装钢柱时可使用钢挂梯，以及钢柱梁、行车等构件吊装施工时所需要的直

爬及其他登高用梯等，钢柱接柱时须用梯子或操作台。操作台上横杆的高度，当无电焊防风要求时可为 1m，有电焊防风要求的可为 1.5m。

③ 登高安装钢梁时，应视钢梁高度，在两端设置挂梯或搭设钢管脚手架。需在梁面上行走时，其一侧的防护横杆可用钢索。

④ 在钢屋架上下弦登高作业时，对于三角形屋脊处，梯形屋架的两端，设置攀登时上下用的梯架，其材料可选用毛竹或原木，踏步间距应不大于 30cm，毛竹梢径不应小于 70mm。

（8）悬空作业

1）悬空作业处应有牢靠的立足处并必须视具体情况配置防护网、栏杆或其他安全设施。

2）悬空作业所使用的索具、吊具、料具等设备应为经过技术鉴定或验证、验收的合格产品。

3）悬空安装大模板、吊装第一块预制构件、吊装单独的大中型预制构件时，必须站在操作平台上操作，吊装中的大模板和预制构件，严禁站人和行走。

4）安装管道时必须有已完结构或操作平台作为立足点，严禁在安装中的管道上站立和行走。

5）绑扎钢筋和安装钢筋骨架时，须搭设脚手架和马道，必要时应搭设操作平台和张挂安全网。

6）混凝土浇灌离地 2m 以上的框架、过梁等结构时，应设操作平台；浇筑拱形结构时，应自两边拱脚对称地相向进行。

7）悬空作业人员应系好安全带、佩戴工具袋；进行各项窗口作业时，操作人员的重心应位于室内，不得在窗台上站立，并系好安全带。

（9）移动式操作平台

1）操作平台的面积不应超过 10m²，高度不应超过 5m。同时必须进行稳定计算，并采取措施减少立柱的长细比。

2）移动式操作平台轮子与平台连接应牢固、可靠，立柱底端距地面高度不得大于 80mm；移动平台时，平台上的操作人员必须撤离，不准载人移动平台。

3）操作平台由专业技术人员按规范设计，计算书及图纸应编入施工组织设计。操作平台应按规范要求进行组装，铺板应严密。

4）操作平台四周应按规范要求设置防护栏杆，并设置登高扶梯。

5）操作平台的材质应符合规范要求。按方案组装完毕后，经验收合格挂牌后方可使用。

（10）悬挑式物料钢平台

1）悬挑式物料钢平台的制作、安装应编制专项施工方案，并需进行设计计算，计算书和图纸应编入专项方案。

2）悬挑式物料钢平台的下部支撑系统或上部拉结点，应设置在建筑结构上，不得设置在脚手架等施工设备上。

3）斜拉杆或钢丝绳应按要求在平台两侧各设置前后 2 道，2 道中的每一道均应作单道受力计算，应设计 4 个经过验算的吊环，吊环应用 3 号沸腾钢制作；钢丝绳应采用专用的挂钩挂牢，采取其他方式时卡头的卡子不得少于 3 个；钢丝绳与建筑结构相交处应加衬软垫物；钢平台外口应略高于内口。

4）钢平台两侧必须安装固定的防护栏杆，并应在平台上设置荷载限定标牌，操作平台上人员和物料的总重量严禁超过设计的容许荷载，同时应配备专人加以监督。

5）钢平台台面、钢平台与建筑结构间铺板应严密、牢固。

7.3　注意事项

高处作业在安全检查中的注意事项包括：

（1）安全帽

1）注意施工现场人员要戴安全帽。

2）要按标准佩戴安全帽。

3）安全帽质量要符合现行国家相关标准的要求。

（2）安全网

1）注意在建工程外脚手架架体外侧要采用密目式安全网封闭且网间连接要严密。

2）安全网质量必须符合现行国家相关标准的要求。

（3）安全带

1）注意高处作业人员要按规定系挂安全带。

2）安全带系挂要符合要求。

3）安全带质量要符合现行国家相关标准的要求。

（4）临边防护

1）注意工作面边沿要设置临边防护设施。

2）临边防护设施的构造、强度要符合规范要求。

3）防护设施要定型化、工具化。

（5）洞口防护

1）注意在建工程的孔、洞要采取防护措施。

2）防护、设施要符合要求且铺设严密。

3）防护设施要定型化、工具化。

4）电梯井内要按每隔 2 层且不大于 10m 设置安全平网。

（6）通道口防护

1）注意要搭设防护棚且防护棚搭设应严密。

2）注意防护棚两侧要进行封闭。

3）防护棚宽度应大于通道口宽度。

4）防护棚长度应符合要求。

5）建筑物高度超过 24m 时，防护棚顶要采用双层防护且防护棚的材质应符合规范要求。

（7）攀登作业

1）注意移动式梯子的梯脚底部不得垫高使用。

2）折梯要使用可靠拉撑装置。

3）注意梯子的材质或制作质量要符合规范要求。

（8）悬空作业

1）注意悬空作业处要设置防护栏杆或其他可靠的安全设施。

2）悬空作业所用的索具、吊具等要经过验收。

3）悬空作业人员要系挂安全带及佩戴工具袋。

（9）移动式操作平台

1）注意操作平台要按规定进行设计计算。

2）移动式操作平台，轮子与平台的连接应牢固可靠，立柱底端距离地面高度不得超过80mm，操作平台的组装要符合设计和规范要求。

3）注意平台台面铺板应严密。

4）注意操作平台四周要按规定设置防护栏杆且需设置登高扶梯。

5）注意操作平台的材质要符合规范要求。

（10）悬挑式物料钢平台

1）注意要编制专项施工方案且要经设计计算。

2）悬挑式钢平台的下部支撑系统或上部拉结点，要设置在建筑结构上。

3）斜拉杆或钢丝绳要按要求在平台两侧各设置2道。

4）钢平台要按要求设置固定的防护栏杆或挡脚板。

5）钢平台台面、钢平台与建筑结构间铺板应严密、牢固。

6）注意要在平台明显处设置荷载限定标牌。

第8章 施 工 用 电

8.1 检查范围

施工用电的检查范围包括：
（1）保证项目：外电防护、接地与接零保护系统、配电线路、配电箱与开关箱。
（2）一般项目：配电室与配电装置、现场照明、用电档案。

8.2 检查要点

1. 施工用电保证项目的检查要点

（1）外电防护

1）外电线路与在建工程及脚手架、起重机械、场内机动车道的安全距离应符合规范要求。

① 外电线路主要指不为施工现场专用的原来已经存在的高压或低压配电线路，外电线路一般为架空线路，个别现场也会遇到地下电缆。由于外电线路位置已经固定，所以施工过程中必须与外电线路保持一定的安全距离。当受现场作业条件限制达不到安全距离时，必须采取屏护措施，防止发生因碰触造成的触电事故。

② 在建工程不得在外电架空线路正下方施工、搭设作业棚、建造生活设施或堆放构件、架具、材料及其他杂物等。

③ 在建工程（含脚手架）的周边与外电架空线路的边线之间的最小安全操作距离应符合表 8-1 的规定。

在建工程（含脚手架）的周边与外电架空线路的边线之间的最小安全操作距离 表 8-1

外电线路电压（kV）	<1	1~10	35~110	220	330~500
最小安全操作距离（m）	4	6	8	10	16

注：上下脚手架的斜道不宜设在有外电线路的一侧。

④ 检查中这两个因素要考虑到：

a. 必要的安全距离：尤其是高压线路，由于周围存在的强电场的电感应所致，使附近的导体产生电感应，附近的空气也在电场中被极化，而且电压等级越高电极化就越强，所以必须保持一定的安全距离，随电压等级增加，安全距离相应加大；

b. 安全操作距离：考虑到施工现场属动态管理，不像建成后的建筑物与线路距离为静态。施工现场作业过程，特别像搭设脚手架，一般立杆、大横杆钢管长 6.5m，如果距离太小，操作中安全无法保障，所以这里的"安全距离"在施工现场就变成"安全操作距离"了，除了必要的安全距离外，还要考虑作业条件的因素，所以距离又加大了。

⑤ 施工现场的机动车道与外电架空线路交叉时，架空线路的最低点与路面的最小垂直距离应符合表 8-2 的规定。

施工现场的机动车道与外电架空线路交叉时的最小垂直距离　　表 8-2

外电线路电压（kV）	<1	1~10	35
最小垂直距离（m）	6.0	7.0	7.0

⑥ 严禁起重机越过无防护设施的外电架空线路作业。在外电架空线路附近吊装时，起重机的任何部位或被吊物边缘在最大偏斜时与外电架空线路边线的最小安全距离应符合表 8-3 的规定。

起重机与外电架空线路边线的最小安全距离　　表 8-3

安全操作距离（m）	电压（kV）						
	<1	10	35	110	220	330	500
沿垂直方向	1.5	3.0	4.0	5.0	6.0	7.0	8.5
沿水平方向	1.5	2.0	3.5	4.0	6.0	7.0	8.5

⑦ 施工现场开挖沟槽的边缘与外电埋地电缆沟槽边缘之间的距离不得小于 0.5m。

2）若现场尺量距离小于规范规定的最小安全距离时，检查现场是否采取了有效的防护措施；防护设施与外电线路的安全距离应符合规定要求，并应坚固、稳定。

① 遇到以上脚手架、起重机械、场内机动车道之间的安全距离不符合规范要求情况，必须采取绝缘隔离防护措施，并应悬挂醒目的警告标志。

② 架设防护设施时，必须经有关部门批准，采用线路暂时停电或其他可靠的安全技术措施，并应有电气工程技术人员和专职安全人员监控。

③ 防护设施应坚固、稳定，且对外电线路的隔离防护应达到 IP30 级。IP30 级的规定是指防护设施的缝隙能防止 ϕ2.5mm 固体异物穿越。防护设施与外电线路之间的安全距离不应小于表 8-4 所列数值。

防护设施与外电线路之间的最小安全距离　　表 8-4

外电线路电压（kV）	≤10	35	110	220	330	500
最小安全距离（m）	1.7	2.0	2.5	4.0	5.0	6.0

3）检查现场外电防护设施是否符合要求，封闭是否严密。

① 检查建筑施工现场临时用电线路和电器设备与周围物体是否保持一定的安全间距，这是防止发生触电和电器火灾事故的技术措施之一。

② 保持安全间距和屏护或隔离都是防止发生触电事故的有效安全技术措施：当在建工程（含脚手架）、施工现场的机动车道、起重机的任何部位或被吊物边缘在最大偏斜时与外电架空线路边线的距离小于安全距离时，必须采取强制性绝缘隔离防护措施，并悬挂醒目的警告标志。屏护是采用屏障、遮拦、围网、护罩、护盖、箱匣等把带电体与外界隔离，防止发生触电事故。

③ 在施工现场一般采取搭设防护架的措施，其材料就使用木质等绝缘性材料，当使用钢管等金属材料时，应做良好的接地。防护架距线路一般不小于 1m，必须停电搭设

（拆除时也要停电）。防护架距作业区较近时，应用硬质绝缘材料封严，防止脚手管、钢筋等误穿越触电。

④ 当架空线路在塔式起重机等的作业半径范围内时，其线路的上方应有防护措施，搭设成门型，其顶部可用 5cm 厚木板或相当于 5cm 厚木板强度的材料盖严。为警示起重机作业，可在防护架上端间断设置小彩旗，夜间施工应有彩泡（或红色灯泡），其电源电压应为 36V。

⑤ 防护设施应坚固、稳定：无论何种形式的遮拦，必须保证所搭设的遮拦具有足够的强度和刚度，以防止断裂、歪斜及变形危害。

⑥ 对外电线路的隔离防护应达到 IP30 级，即防护设施的缝隙能防止直径 Φ2.5mm 固体异物穿越。

⑦ 围栏（障碍）防护：采用阻碍物进行保护。对于设置的障碍必须防止以下两种情况发生：一是身体无意识地接近带电部分；二是在正常工作中，无意识地触及运行中的带电设备。

⑧ 强制性绝缘隔离防护措施必须履行"编制、审核、批准"程序；必须经共同验收，合格后方可投入使用。

⑨ 强制性绝缘隔离防护措施无法实现时，必须与有关部门协商，采取停电、迁移外电线路或改变工程位置等措施，未采取以上措施的严禁施工。

（2）接地与接零保护系统

1）保护系统

① 施工现场专用的电源中性点直接接地的 220/380V 三相四线制低压电力系统必须采用 TN-S 接零保护系统。

② 为了防止意外带电体上的触电事故，根据不同情况应采取保护措施。保护接地和保护接零是防止电器设备意外带电造成触电事故的基本技术措施。

③ 在施工现场专用变压器的供电的 TN-S 接零保护系统中，电气设备的金属外壳必须与保护零线连接。保护零线应由工作接地线、配电室（总配电箱）电源侧零线或总漏电保护器电源侧零线处引出。

④ 保护零线应单独敷设，线路上严禁装设开关或熔断器，严禁通过工作电流；保护零线应采用绝缘导线，规格和颜色标记应符合规范要求。

⑤ 同时规定同一配电系统不允许采用两种保护系统。

⑥ 当施工现场与外电线路共用同一供电系统时，电气设备的接地、接零保护应与原系统保持一致。不得一部分设备做保护接零，另一部分设备做保护接地。

⑦ TN 系统的保护零线应在总配电箱处、配电系统的中间处和末端处做重复接地：采用 TN 系统做保护接零时，工作零线（N 线）必须通过总漏电保护器，保护零线（PE 线）必须由电源进线零线重复接地处或漏电保护器电源侧零线处引出，形成局部 TN-S 接零保护系统。在 TN 接零保护系统中，通过总漏电保护器的工作零线之间不得再做电气连接，PE 零线保护系统中，重复接地线必须与 PE 线相连接，严禁与 N 线相连接。

⑧ 施工现场的临时用电系统严禁利用大地作相线或零线。

⑨ 城防、人防、隧道等潮湿或条件特别恶劣施工现场的电气设备必须采用保护接零。

⑩ 在 TN 系统中，下列电气设备不带电的外露可导电部分应做保护接零：

　　a. 电机、变压器、电器、照明器具、手持式电动工具的金属外壳；

　　b. 电气设备传动装置的金属部件；

　　c. 配电柜与控制柜的金属框架；

　　d. 配电装置的金属箱体、框架及靠近带电部分的金属围栏和金属门；

　　e. 电力线路的金属保护管、敷线的钢索、起重机的底座和轨道、滑升模板金属操作平台等；

　　f. 安装在电力线路杆（塔）上的开关、电容器等电气装置的金属外壳及支架。

　　2）接地电阻

　　① 接地装置的接地线应采用 2 根及以上导体，在不同点与接地体做电气连接。接地体应采用角钢、钢管或光面圆钢；工作接地电阻不得大于 4Ω，重复接地电阻不得大于 10Ω。

　　a. 单台容量不超过 100kVA 或使用同一接地装置并联运行且总容量超过 100kVA 的电力变压器或发电机的工作接地电阻不得大于 4Ω；

　　b. 单台容量不超过 100kVA 或使用同一接地装置并联运行且总容量超过 100kVA 的电力变压器或发电机的工作接地电阻不得大于 10Ω。

　　② TN 系统中的保护零线除必须在配电室或总配电箱处做重复接地外，还必须在配电系统的中间处和末端处做重复接地。

　　③ TN 系统中，保护零线每一处重复接地装置的接地电阻值不应大于 10Ω。在工作接地电阻值允许达到 10Ω 的电力系统中，所有重复接地的等效电阻值不应大于 10Ω。

　　④ 不得采用铝导体作接地体或地下接地线。垂直接地体宜采用角钢、钢管或光面圆钢，不得采用螺纹钢。

　　⑤ 接地可利用自然接地体，但应保证其电气连接和热稳定。

　　3）防雷

　　① 施工现场的起重机、物料提升机、施工升降机、脚手架应按规范要求采取防雷措施，防雷装置的冲击接地电阻值不得大于 30Ω。

　　② 施工现场的起重机、物料提升机、施工升降机、脚手架等机械设备以及钢脚手架和正在施工的工程等的金属结构，当在相邻建筑物、构筑物等设施的防雷装置接闪器的保护范围以外时，设置防雷装置。

　　③ 施工现场内所有防雷装置的冲击接地电阻值不得大于 30Ω。

　　④ 做防雷接地机械上的电气设备，所连接的 PE 线必须同时做重复接地，同一台机械上的电气设备的重复接地和机械的防雷接地可共用同一接地体，但接地电阻应符合重复接地电阻值的要求。

　　⑤ 机械设备上的避雷针（接闪器）长度应为 1～2m，塔式起重机可不另设避雷针（接闪器）。

　　（3）配电线路

　　1）架空线路的安全检查要点

　　①"架空线路必须采用绝缘铜线或绝缘铝线。"这里强调了必须采用"绝缘"导线，由于施工现场的危险性，故严禁使用裸线。导体和电缆是配电线路的主体，绝缘必须良好，是直接接触防护的必要措施，不允许有老化、破损现象，接头和包扎都必须符合

规定。

② 架空线路必须采用绝缘导线，有短路保护，有过载保护。线路及接头应保证机械强度和绝缘强度。

③ 架空线路必须架设在专用电杆上，严禁架设在树木、脚手架及其他设施上。

④ 线路的设施、材料及相序排列、挡距、与邻近线路或固定物的距离应符合规范要求。

⑤ 架空线路的安全检查还应重点检查以下项目：

a. 电杆有无倾斜、变形、腐朽、损坏及基础下沉等现象；

b. 沿线路的地面是否堆放有易燃易爆和强腐蚀性物质；

c. 沿线路周围有无危险建筑。应尽可能保证在雷雨季节和大风季节里，这些建筑物不致对线路造成损坏；

d. 线路上有无树枝、风筝等杂物悬挂；

e. 拉线和板桩是否完好，绑扎线是否紧固可靠；

f. 导线的接头是否接触良好，有无过热发红、严重老化、腐蚀或断脱现象；绝缘子有无污损和放电现象；

g. 避雷接地装置是否良好，接地线有无锈断情况。在雷雨季节到来之前，应重点检查。

2）电缆线路的安全检查

① 电缆应采用架空或埋地敷设并应符合规范要求，严禁沿地面明敷或沿脚手架、树木等敷设，同时要查看现场线路过道有无保护措施。架空电缆应沿电杆、支架或墙壁敷设，并采用绝缘子固定，绑扎线必须采用绝缘线，但沿墙壁敷设时最大弧垂距地不得小于 2m。

② 在建高层建筑的临时配电必须采用电缆埋地引入，电缆垂直敷设的位置应充分利用在建工程的竖井、垂直孔洞等，并应靠近用电负荷中心，固定点每楼层不得少于 1 处。电缆水平敷设宜沿墙或门口固定。最大弧垂距地不得小于 2m。电缆垂直敷设后，可每层或隔层设置分配电箱提供使用，固定设备可设开关箱，手持电动工具可设移动电箱。

③ 电缆线路一般是敷设在地下的，要做好电缆的安全运行与检查工作，就必须全面了解电缆的敷设方式、结构布置、走线方向及电缆头位置等。对电缆线路一般要求每季度进行一次安全检查，并应经常监视其负荷大小和发热情况。如遇大雨、洪水等特殊情况及发生故障时，还须临时增加安全检查次数。电缆线路的安全检查应重点检查以下项目：

a. 电缆终端及瓷套管有无破损及放电痕迹。对填充电缆胶（油）的电缆终端头，还应检查有无漏油溢胶现象；

b. 对明敷的电缆，应检查电缆外表有无锈蚀、损伤，沿线挂钩或支架有无脱落，线路上及附近有无堆放易燃易爆及强腐蚀性物质；

c. 对暗设及埋在地下的电缆，应该检查沿线的盖板和其他覆盖物是否完好，有没有挖掘痕迹，路线标是否完整无损坏；

d. 电缆沟内有无积水或渗水的现象发生，是否堆有杂物及易燃易爆等危险化学物品；

e. 要认真查看线路上的各种接地是否良好，有没有松动、断股和锈蚀现象。

3）室内配线

① 室内配线必须采用绝缘导线或电缆。

② 潮湿场所或埋地非电缆配线必须穿管敷设，管口和管接头应密封；当采用金属管敷设时，金属管必须做等电位连接，且必须与 PE 线相连接。

③ 室内非埋地明敷主干线距地面高度不得小于 2.5m。

④ 架空进户线的室外端应采用绝缘子固定，过墙处应穿管保护，距地面高度不得小于 2.5m，并应采取防雨措施。

⑤ 对高层、多层建筑施工的室内用电，不允许由室外地面电箱用橡皮电缆从地面直接引入各楼层使用。其原因：一是电缆直接受拉易造成导线截面变细过热；二是距控制箱过远遇故障不能及时处理；三是线路乱不好固定，容易引发事故。

（4）配电箱与开关箱

1）施工现场配电系统应采用三级配电、二级漏电保护系统，用电设备必须有各自专用的开关箱。

2）每台用电设备必须有各自专用的开关箱，严禁用同一个开关箱直接控制 2 台及 2 台以上用电设备（含插座）。

3）动力配电箱与照明配电箱宜分别设置。当合并设置为同一配电箱时，动力和照明应分路配电；动力开关箱与照明开关箱必须分设。

4）配电箱、开关箱内的电器应先安装在金属或非木质阻燃绝缘电器安装板上，然后方可整体紧固在配电箱、开关箱箱体内，标识标签应清楚，易识别。金属电器安装板与金属箱体应做电气连接。

5）配电箱、开关箱内的电器应按其规定位置紧固在电器安装板上，不得歪斜和松动。

6）配电箱的电器安装板上必须分设 N 线端子板和 PE 线端子板。N 线端子板必须与金属电器安装板绝缘；PE 线端子板必须与金属电器安装板做电气连接。

7）进出线中的 N 线必须通过 N 线端子板连接（N 线端子板应有安全防护罩）；PE 线必须通过 PE 线端子板连接。

8）配电箱、开关箱的金属箱体、金属电器安装板以及电器正常不带电的金属底座、外壳等必须通过 PE 线端子板与 PE 线做电气连接，金属箱门与金属箱体必须采用编织软铜线做电气连接。

9）箱体安装位置、高度及周边通道应符合规范要求，配电箱、开关箱中导线的进线口和出线口应设在箱体的下底面；配电箱、开关箱的进、出线口应配置固定线卡，进、出线应加绝缘护套并成束卡固在箱体上，不得与箱体直接接触。移动式配电箱、开关箱的进、出线应采用橡皮护套绝缘电缆，不得有接头。

10）箱体应设置系统接线图和分路标记，并应有门锁，同时配电箱、开关箱外形结构应能防雨、防尘。

11）开关箱必须装设隔离开关、断路器或熔断器，以及漏电保护器，漏电保护器参数必须与开关箱匹配并灵敏可靠。

12）当漏电保护器是同时具有短路、过载、漏电保护功能的漏电断路器时，可不装设断路器或熔断器。隔离开关应采用分断时具有可见分断点，能同时断开电源所有极的隔离电器，并应设置于电源进线端。当断路器具有可见分断点时，可不另设隔离开关。

13）分配箱与开关箱间的距离不应超过 30m，开关箱与用电设备间的距离不应超过 3m。总配电箱应设在靠近电源的区域，分配电箱应设在用电设备或负荷相对集中的区域。

2. 施工用电一般项目的检查要点

（1）配电室与配电装置

1）配电室建筑耐火等级不低于 3 级，配电室应配置适用于电气火灾的灭火器材。

2）配电装置中的仪表、电器元件设置也应符合规范要求，备用发电机组必须与外电线路进行连锁。

3）查看现场配电室、配电装置的布设是否符合《施工现场临时用电安全技术规范》JGJ 46—2005 的规定。

① 配电室应靠近电源，并应设在灰尘少、潮气少、振动小、无腐蚀介质、无易燃易爆物及道路畅通的地方。

② 成列的配电柜和控制柜两端应与重复接地线及保护零线做电气连接。

③ 配电室和控制室应能自然通风，并应采取防止雨雪侵入和动物进入的措施。

④ 配电室布置应符合下列要求：

a. 配电柜正面的操作通道宽度，单列布置或双列背对背布置不小于 1.5m，双列面对面布置不小于 2m。

b. 配电柜后面的维护通道宽度，单列布置或双列面对面布置不小于 0.8m，双列背对背布置不小于 1.5m，个别地点有建筑物结构凸出的地方，则此点通道宽度可减少 0.2m。

c. 配电柜侧面的维护通道宽度不小于 1m。

d. 配电室的顶棚与地面的距离不小于 3m。

e. 配电室内设置值班室或检修室时，该室边缘距配电柜的水平距离大于 1m，并采取屏障隔离。

f. 配电室内的裸母线与地面垂直距离小于 2.5m 时，采用遮拦隔离，遮拦下面通道的高度不小于 1.9m。

g. 配电室围栏上端与其正上方带电部分的净距不小于 0.075m。

h. 配电装置的上端距顶棚不小于 0.5m。配电室内的母线涂刷有色油漆，以标志相序；以柜正面方向为基准，其涂色应符合表 8-5 的规定。

母线涂色表　表 8-5

相别	颜色	垂直排列	水平排列	引下排列
L1（A）	黄	上	后	左
L2（B）	绿	中	中	中
L3（C）	红	下	前	右
N	淡蓝	—	—	—

i. 配电室的建筑物和构筑物的耐火等级不低于 3 级，室内配置砂箱和可用于扑灭电气火灾的灭火器。

j. 配电室的门向外开，并配锁。

k. 配电室的照明分别设置正常照明和事故照明。

⑤ 配电柜应装设电度表，并应装设电流表、电压表。电流表与计费电度表不得共用

一组电流互感器。

⑥ 配电柜应装设电源隔离开关及短路、过载、漏电保护电器。电源隔离开关分断时应有明显的可见分断点。

⑦ 配电柜应编号，并应有用途标记。

⑧ 配电柜或配电线路停电维修时，应挂接地线，并应悬挂"禁止合闸、有人工作"停电标志牌。停送电必须由专人负责。

⑨ 配电室应保持整洁，不得堆放任何妨碍操作、维修的杂物。

（2）现场照明

1）现场照明应采用高光效、长寿命的照明光源。对需大面积照明的场所，应采用高压汞灯、高压钠灯或碘钨灯等，灯头与易燃物的净距离不小于 0.3m。流动性碘钨灯采用金属支架安装时，支架应稳固，灯具与金属支架之间必须用不小于 0.2m 的绝缘材料隔离。

2）在坑、洞、井内作业，夜间施工或厂房、道路、仓库、办公室、食堂、宿舍、料具堆放场及自然采光差等场所，应设一般照明、局部照明或混合照明。在一个工作场所内，不得只设局部照明。停电后，操作人员需及时撤离的施工现场，必须装设自备电源的应急照明。

3）施工照明灯具露天装设时，应采用防水式灯具，距地面高度不得低于 3m。工作棚、场地的照明灯具可分路控制，每路照明支线上连接灯数不得超过 10 盏，若超过 10 盏时，每个灯具上应装设熔断器。

4）室内照明灯具距地面不得低于 2.4m。每路照明支线上灯具和插座数不宜超过 25 个，额定电流不得大于 15A，并用熔断器或自动开关保护。

5）现场局部用的工作灯，室内抹灰、水磨石地面等潮湿的作业环境，照明电源电压应不大于 36V。在特别潮湿的场所、导电良好的地面、锅炉或金属容器内工作的照明电源电压不得超过 12V。

6）照明供电，一般场所宜选用额定电压为 220V 的照明器。不得使用带开关的灯头，应选用螺口灯头，相线接在与中心触头相连的一端，零线接在与螺纹口相连的一端。灯头的绝缘外壳不得有损伤和漏电，照明灯具的金属外壳必须做到保护接零。单项回路的照明开关箱内必须装设漏电保护开关。

7）无自然采光的地下大空间施工场所，应编制单项照明用电方案。

8）照明器具和器材的质量应符合国家现行有关强制性标准的规定，不得使用绝缘老化或破损的器具和器材。

9）检查照明器的选择是否按下列环境条件确定：

① 正常湿度一般场所，选用开启式照明器；

② 潮湿或特别潮湿场所，选用密闭型防水照明器或配有防水灯头的开启式照明器；

③ 含有大量尘埃但无爆炸和火灾危险的场所，选用防尘型照明器；

④ 有爆炸和火灾危险的场所，按危险场所等级选用防爆型照明器；

⑤ 存在较强振动的场所，选用防振型照明器；

⑥ 有酸碱等强腐蚀介质的场所，选用耐酸碱型照明器。

10）现场检查照明专用回路是否设置了漏电保护。

照明灯具的金属外壳必须做保护接零。单相回路的照明开关箱内必须装设漏电保护器。由于施工现场的照明设备也同动力设备一样有触电危险，所以照明专用回路也要照此规定设置漏电保护器。

11）现场检查照明灯具金属外壳是否作了接零保护。

照明灯具的金属外壳必须与 PE 线连接。灯具的可接近裸露导体必须作保护接零（必须和 TN-S 系统中的 PE 线相连），灯具应有专门接地螺栓，且应有标识，并确保接零可靠。PE 线不得靠近灯具表面。

12）检查室内线路及灯具安装高度低于 2.4m 时是否使用了安全电压供电。

灯具的悬挂高度是结合施工现场实际情况确定的。据统计，人站立时平均伸臂最高处约可达到 2.5m 高度，也即是可能碰到可接近的裸露导体的高限，当室内灯具高度小于 2.5m 时，应使用额定电压为 36V 及以下的照明灯具。

13）检查现场潮湿作业是否使用了 36V 及以下安全电压。下列特殊场所应使用安全电压照明器：

①隧道、人防、工防、有高温、导电灰尘或灯具离地面高度低于 2.4m 等场所的照明，电源电压不大于 36V；

②潮湿和易触及带电体场所的照明电源电压不得大于 24V；

③在特别潮湿的场所、导电良好的地面、锅炉或金属容器内工作的照明电源电压不得超过 12V。

14）检查现场照明线路是否混乱，接头处是否用绝缘布包扎。安全电压线路是否形成了相对"悬浮"式线路。

①采用超过 24V 的安全电压时，必须有相应的绝缘措施。对安全电压应该正确理解：第一，架设 36V 的电线时，也应遵守一般 220V 架线规定，不能乱拉乱扯，应用绝缘子沿墙布线，接头应包扎严密；第二，应按作业条件选择安全电压等级，不能一律采用 36V，在特别潮湿及金属容器内，应采用 24V 以下及 12V 电压电源。

②安全电压电路应该是"悬浮"独立的，线路设置整齐、无明露接头，接头处必须用绝缘胶布包扎严密，即工作在安全电压下的电路，必须与其他电气系统和任何无关的可导电部分实行电气上的隔离。其他电气系统和任何无关的可导电部分包括：大地、中性线（或零线）、水管、暖气管道及设备的机壳和保护线等。

15）检查现场手持照明灯是否使用了 36V 及以下电源供电。

①使用行灯应符合：电源电压不大于 36V；灯体与手柄应坚固、绝缘良好并耐热耐潮湿；灯头与灯体结合牢固，灯头无开关；灯泡外部有金属保护网；金属网、反光罩、悬吊挂钩固定在灯具的绝缘部位上。

②行灯的电源电压不超过 36V，在特殊潮湿场所或导电良好的地面上以及工作地点狭窄、行动不便的场所行灯电压不大于 12V。

③在采购行灯时，必须验证生产厂家的生产许可证、质量保证体系与安全认证等级资料，只有经确认合格后方可采购。

④行灯进入现场后，必须进行质量验收，只有经检查确认其符合规范及有关安全技术标准后方可使用。

⑤行灯的电源线应采用铜芯橡皮绝缘软电缆。严禁将行灯变压器带进金属容器或金属

管道内使用。行灯变压器必须采用双绕组型。行灯变压器一、二次侧均应装设熔断器；金属外壳应做好保护接零（接地）措施。

16）照明变压器必须使用双绕组型，严禁使用自耦变压器。

17）携带式变压器的一次侧电源引线应采用橡皮护套电缆和塑料套软线，其中绿/黄双色线作保护零线用，中间不得有接头，长度不宜超过3m，电源插销应选用有接地触头的插销。

18）工作零线截面应按下列规定选择：

①单相及二相线路中，零线截面与相线截面相同；

②三相四线制线路中，当照明器为白炽灯时，零线截面按不小于相线截面的50%选择，当照明器为气体放电灯时，零线截面与相线截面相等；若数条线路共用一条零线时，零线截面按最大负荷相的电流选择。

19）照明系统中的每一单相回路上灯具和插座数量不宜超过25个，并应装设熔断电流为15A以下的熔断器保护。

20）照明灯具电源末端的电压偏移应符合下列数值：

①一般工作场所（室内或室外）的电压偏移值允许为额定电压值的-5%～5%。远离电源的小面积工作场所，电压偏移值允许为额定电压值的-10%～5%；

②道路照明、警卫照明或额定电压为12～36V的照明，电压偏移值允许为额定电压值的-10%～5%。其余场所电压偏移值允许为额定电压值的±5%。

（3）用电档案

1）检查施工现场有无临时用电施工组织设计或安全用电技术措施和电气防火措施，其编制与审批是否符合规范要求。

2）检查现场有无地级阻值遥测记录。

3）检查电工巡视检查记录，查看有无巡视记录或记录不真实的现象。

4）检查临时用电技术档案，查看是否存在档案乱、内容不全、无专人管理的现象。

5）总包单位与分包单位应签订临时用电管理协议，明确各方相关责任。

用电档案是施工现场用电管理的基础资料，每项资料都非常重要。工地要设专人负责资料的整理归档。总包分包安全协议、施工用电组织设计、外电防护专项方案、安全技术交底、安全检测记录等资料的内容都要符合有关规定，保证真实有效。

6）施工现场应制定有针对性的专项用电组织设计。

施工现场临时用电设备在5台及以上或设备总容量在50kW及以上者，应编制临时用电施工组织设计；施工现场临时用电设备在5台以下和设备总容量在50kW以下者，应制定安全用电技术措施和电气防火措施。

7）专项用电施工组织设计应履行审批程序，实施后应由相关部门组织验收；检查工作应按分部、分项工程进行，对不安全因素，必须及时处理，并应履行复查验收手续。

8）临时用电工程的定期检查时间：

①电工要每天进行巡视检查，并做好记录，其目的是及时发现施工现场用电设备、供电线路的问题和存在的隐患，便于及时更换和维修，做好记录和填写真实使之在制定和更换电器设备计划时有针对性，不致影响正常安全供电；

②另外对于施工用电供电系统要定期进行检查，一般情况下施工现场由项目部每月检

查一次，公司每季度检查一次并复查接地电阻值。

9）用电档案资料应齐全，并设专人管理。

①安全技术档案应由主管该现场的电气技术人员负责建立与管理。其中《电工维修工作记录》可指定电工代管，并于临时用电工程拆除后统一归档。电工必须经过按国家现行标准考核合格后，持证上岗工作；其他用电人员必须通过相关教育培训和技术交底，考核合格后方可上岗工作；

②这些技术档案是检验在整个施工现场临时用电过程中，实现科学管理、安全供电、分析事故、线路检修的依据。

③其内容应包括：

a. 临时用电施工组织设计的全部资料；

b. 修改临时用电施工组织设计的资料；

c. 技术交底资料；

d. 临时用电工程检查验收表；

e. 电气设备的试验、检验凭单和调试记录；

f. 接地电阻测定记录表；

g. 定期检（复）查表；

h. 电工维修工作记录；

i. 用电设备绝缘电阻记录；

j. 大型机械电气设备的检查记录。

8.3 注意事项

施工用电在安全检查中的注意事项包括：

（1）外电防护

1）注意外电线路与在建工程及脚手架、起重机械、场内机动车道之间的安全距离要符合规范要求且要采取防护措施。

2）注意防护设施需设置明显的警示标志。

3）注意防护设施与外电线路的安全距离及搭设方式要符合规范要求。

4）注意不允许在外电架空线路正下方施工、建造临时设施或堆放材料物品。

（2）接地与接零保护系统

1）注意施工现场专用的电源中性点直接接地的低压配电系统应采用 TN-S 接零保护方式。

2）注意配电系统不得同时采用两种保护系统。

3）保护零线引出位置需符合规范要求。

4）注意电气设备的金属外壳必须与保护零线连接。

5）保护零线装设开关、熔断器或通过工作电流。

6）保护零线材质、规格及颜色标记要符合规范要求。

7）工作接地与重复接地的设置、安装及接地装置的材料要符合规范要求。

8）工作接地电阻不得大于 4Ω，重复接地电阻不得大于 10Ω。

9）施工现场起重机、物料提升机、施工升降机、脚手架防雷措施要符合规范要求。

10）做防雷接地机械上的电气设备，保护零线必须同时做重复接地。

（3）配电线路

1）线路及接头应保证机械强度和绝缘强度。

2）线路应设短路、过载保护。

3）线路截面应能满足负荷电流。

4）线路的设施、材料及相序排列、挡距、与邻近线路或固定物距离应符合规范要求。

5）电缆沿地面明敷，沿脚手架、树木等敷设应符合规范要求。

6）线路敷设的电缆要符合规范要求。

7）室内明敷主干线距地面高度不得小于 2.5m。

（4）配电箱与开关箱

1）注意配电系统应采用三级配电、二级漏电保护系统。

2）用电设备必须有各自专用的开关箱。

3）箱体结构、箱内电器设置要符合规范要求。

4）配电箱零线端子板的设置、连接应符合规范要求。

5）漏电保护器参数应与配电箱匹配并灵敏可靠。

6）配电箱与开关箱严禁电器损坏、进出线混乱等现象。

7）箱体要设置系统接线图和分路标记。

8）箱体应设门、锁，且采取防雨措施。

9）箱体安装位置、高度及周边通道应符合规范要求。

10）分配电箱与开关箱、开关箱与用电设备的距离应符合规范要求。

（5）配电室与配电装置

1）配电室建筑耐火等级应达到 3 级。

2）配电室、配电装置布设应符合规范要求。

3）配电装置中的仪表、电气元件设置应符合规范要求且仪表、电气元件不允许损坏。

4）备用发电机组要与外电线路进行连锁。

5）配电室应采取防雨雪和小动物侵入的措施。

6）配电室应设警示标志、工地供电平面图和系统图。

（6）现场照明

1）注意照明用电与动力用电分设，不得混用。

2）特殊场所应使用 36V 及以下安全电压。

3）手持照明灯应使用 36V 以下电源供电。

4）照明变压器要使用双绕组安全隔离变压器。

5）灯具金属外壳应接保护零线。

6）灯具与地面、易燃物之间的距离不得小于安全距离。

7）照明线路和安全电压线路的架设应符合规范要求。

8）施工现场应按规范要求配备应急照明。

（7）用电档案

1）注意要制定专项用电施工组织设计、外电防护专项方案，且设计、方案应有针对性。

2）总包单位与分包单位需签订临时用电管理协议。

3）专项用电施工组织设计、外电防护专项方案应履行审批程序，实施后相关部门要组织验收。

4）接地电阻、绝缘电阻和漏电保护器检测记录要按规定填写，且填写应真实有效。

5）安全技术交底、设备设施验收记录应按规定填写，记录应真实有效。

6）定期巡视检查、隐患整改记录应按规定填写，记录应真实有效。

7）档案资料应齐全，要设专人管理。

第 9 章　起重机械与垂直运输机械

9.1　物料提升机

9.1.1　检查范围

物料提升机的检查范围包括：

（1）保证项目：安全装置、防护设施、附墙架与缆风绳、钢丝绳、安拆、验收与使用。

（2）一般项目：基础与导轨架、动力与传动、通信装置、卷扬机操作棚、避雷装置。

9.1.2　检查要点

1. 物料提升机保证项目的检查要点

（1）安全装置

1）应安装起重量限制器、防坠安全器，并应灵敏可靠。

①当荷载达到额定起重量的 90% 时，起重量限制器应发出警示信号，当荷载达到额定起重量的 110% 时，起重量限制器应切断上升主电路电源；

②当吊笼提升钢丝绳断绳时，防坠安全器应制停带有额定起重量的吊笼，且不应造成结构损坏。自升平台应采用渐进式防坠安全器。

2）安全层装置应符合规范要求，并应定型化。安全停层装置应能承受全部工作荷载。

安全停层装置应为刚性机构，吊笼停层时，安全停层装置应能可靠承担吊笼自重、额定荷载及运料人员等全部工作荷载。吊笼停层后底板与停层平台的垂直偏差不应大于 50mm。

3）应安装上、下限位开关并灵敏可靠，安全行程不应小于 3m。

上限位开关：当吊笼上升至限定位置时，触发限位开关，吊笼被制停；

下限位开关：当吊笼下降至限定位置时，触发限位开关，吊笼被制停。

4）安装高度超过 30m 时，物料提升机除应具有起重限制、防坠保护、停层及限位功能外，还应符合下列规定：

①吊笼应有自动停层功能，停层后吊笼底板与停层平台的垂直偏差不应超过 30mm；

②防坠安全器应为渐进式；应具有自升降安全功能；应具有语音及影像信号装置。

（2）防护设施

1）应在地面进料口安装防护围栏和防护棚，防护围栏、防护棚的安装高度和强度应符合规范要求。

①物料提升机地面进料口应设置防护围栏，围栏高度不应小于 1.8m，围栏里面可采用网板结构。

②进料口门的开启高度不应小于 1.8m，进料口门应装有电气安全开关，吊笼应在进料口门关闭后才能启动。

③进料口的防护棚应设在提升机地面进料口上方，其长度不应小于 3m，宽度应大于吊笼宽度。可采用厚度不小于 50mm 的木板搭设。

④检查防护围栏、防护棚的强度。

a. 若为网板结构，孔径应小于 25mm，其任意 50mm² 的面积上作用 300N 的力，在边框任意一点作用 1kN 的力时，不应产生永久变形；

b. 若采用厚度不小于 1.5mm 的冷轧钢板，并设置钢骨架，在其任意 0.01m² 的面积上作用 1.5kN 的力时，不应产生永久变形。

2）停层平台两侧应设置防护栏杆、挡脚板，平台脚手板应铺满、铺平；上栏杆高度宜为 1.0～1.2m，下栏杆高度宜为 0.5～0.6m，在栏杆任一点作用 1kN 的水平力时，不应产生永久变形；挡脚板高度不应小于 180mm；且宜采用厚度不小于 1.5mm 的冷轧钢板。

3）平台门、吊笼门安装高度、强度应符合规范要求，并应定型化。

①平台门应采用工具式、定型化的门，平台门的高度不宜小于 1.8m，其宽度与吊笼门的宽度差不应大于 200mm，并应安装在台口外边缘处，与台口外边缘的水平距离不应大于 200mm。平台门下边缘以上 180mm 内应采用厚度不小于 1.5mm 的钢板封闭，与台口上表面的垂直距离不宜大于 20mm。平台门应向停层平台内侧开启，并应处于常闭状态。

②吊笼门及两侧立面宜采用网板结构，孔径应小于 25mm，吊笼门的开启高度不应低于 1.8m。平台门和吊笼强度应符合其任意 500mm² 的面积上作用 300N 的力，在边框任意一点作用 1kN 的力时，不应产生永久变形。

（3）附墙架与缆风绳

1）附墙架的结构、材质、间距应符合产品说明书要求；附墙架应与建筑物可靠连接，不得与脚手架连接。

①当导轨架的安装高度超过设计的最大独立高度时，必须安装附墙架，应采用制造商提供的标准附墙架；

②附墙架与建筑物的连接应进行设计，附墙架与架体及建筑物之间均应采用刚性件连接，并形成稳定结构，不得连接在脚手架上，严禁使用铅丝绑扎；

③附墙架的材质应与架体的材质相同，不得使用木杆、竹竿等作附墙架与金属架体连接。

2）缆风绳设置的数量、位置、角度应符合规范要求，并应与地锚可靠连接。

①每一组 4 根缆风绳与导轨架的连接点应在同一水平高度，且应对称设置，缆风绳与导轨架的连接处应采取防止钢丝绳受剪破坏的措施；

②缆风绳宜设在导轨顶部，当中间设置缆风绳时，应采取增加导轨架刚度的措施；

③缆风绳与水平面夹角宜在 45°～60° 之间，并应采用与缆风绳等强度的花篮螺栓与地锚连接。

3）安装高度为 30m 的物料提升机必须使用附墙架，不得使用缆风绳（当提升机受到条件限制无法设置附墙架时，应采用缆风绳稳固架体，高架提升机在任何情况下均不得采用缆风绳）。

4）地锚设置应符合规范要求：地锚应根据导轨的安装高度及土质情况，经设计计算确定。

①缆风绳的地锚，根据土质情况及受力大小设置，应经计算确定。缆风绳的地锚，一般采用水平式地锚，当土质坚实、地锚受力小于 15kN 时，可选用桩式地锚。

②30m 以下物料提升机可采用桩式地锚。当采用钢管（φ48×3.5mm）或角钢（L75×6）时，不应少于 2 根，应并排设置，间距不应小于 0.5m，打入深度不应小于 1.7m；顶部应设有防止缆风绳滑脱的装置。

（4）钢丝绳

1）钢丝绳磨损、断丝、变形、锈蚀量应在正常使用范围内。

①钢丝绳外层绳股的表面磨损，是由于其在压力作用下与滑轮和卷筒的绳槽接触摩擦造成的。磨损使钢丝绳的横截面积减少从而降低钢丝绳的强度。如果外部磨损使钢丝绳实际直径比其公称直径减少 7% 或更多时，即使无可见断丝，钢丝绳也应报废。

②钢丝绳失去它的正常形状而产生肉眼可见的畸形称为"变形"，这种变形会导致钢丝绳内部应力分布不均匀。

③外部钢丝的锈蚀通常可用目测发现。由于腐蚀侵蚀及钢材损失而引起的钢丝松弛，是钢丝绳立即报废的充分理由。

④钢丝绳出现笼状畸变、绳芯或绳股挤出或扭曲、钢丝挤出、扭结、严重弯折、绳径局部增大 5% 以上等现象应立即报废。

2）钢丝绳夹设置应符合规范要求，钢丝绳应设置过路保护措施。

用钢丝绳夹固接时，钢丝绳吊索绳夹最少数量应满足表 9-1 的要求，固接强度不应小于钢丝绳破断拉力的 85%；钢丝绳夹布置应把绳夹座扣在钢丝绳的工作段，U 形螺栓扣在钢丝绳的尾端，钢丝绳夹不得在钢丝绳上交替布置，钢丝绳夹间的距离应等于钢丝绳直径的 6～7 倍。

钢丝绳吊索绳夹最少数量　　　　　　　　　　　　　　　　表 9-1

绳夹规格（钢丝绳公称直径）(mm)	钢丝绳夹的最少数量（组）
≤18	3
18～26	4
26～36	5
36～44	6
44～60	7

3）工作钢丝绳最小直径不应小于 6mm；安全钢丝绳宜选用与工作钢丝绳相同的型号、规格，在正常运行时，安全钢丝绳应处于悬垂状态；安全钢丝绳必须独立于工作钢丝绳另行悬挂。

4）安全钢丝绳是吊篮安全锁使用的专用钢丝绳，安全钢丝绳应单独设置，型号、规格应与工作钢丝绳一致。

5）吊笼处于最低位置时，必须保证卷筒上的钢丝绳不少于 3 圈；吊笼运行时安全钢丝绳应张紧悬挂；在吊笼内进行电焊作业时，应对吊篮设备、钢丝绳、电缆采取保护措施。不得将电焊机放置在吊笼内；电焊缆线不得与吊篮任何部位接触；电焊钳不得搭挂在吊笼上。

（5）安拆、验收与使用

1）安装、拆除物料提升机的单位应具备下列条件：

①安装、拆除单位应具有起重设备安装工程专业承包资质和安全生产许可证；

②安装、拆除作业人员及司机应持证上岗；安装、拆除作业人员必须经专门培训，取得特种作业资格证。

2）安装（拆除）作业应制定专项安装（拆除）方案，并应按规定进行审核、审批。

3）物料提升机安装、拆除前，应根据工程实际情况编制专项安装、拆除方案，且应经装拆单位技术负责人、总包单位技术负责人、项目总监理工程师审批后实施。安装作业前，应符合下列规定：

①物料提升机安装前，安装负责人应依据专项安装方案对安装作业人员进行安全技术交底；

②应确认物料提升机的结构、零部件和安全装置经出厂检验，并符合要求；

③应确认物料提升机的基础验收，并符合要求；

④应确认辅助安装起重设备及工具经检验检测，并符合要求；

⑤应明确作业警戒区，并设专人监护。

4）物料提升机专项安装、拆除方案应具有针对性、可操作性，专项安装、拆除方案内容应包括：

①工程概况；

②编制依据；

③安装位置及示意图；

④专业安装、拆除技术人员的分工及职责；

⑤附着安装、拆除起重机设备的型号、性能、参数及位置；

⑥安装、拆除的工艺程序和安全技术措施；

主要安全装置的调试及实验程序。

5）物料提升机作业前应按规定进行检查，并应填写检查记录；实行多班作业前应按规定进行检查，并应填写检查记录。应检查确认下列内容：

①制动器可靠有效；

②限位器灵敏完好；

③停层装置动作可靠；

④钢丝绳磨损在允许范围内；

⑤吊笼及对重导向装置无异常；

⑥滑轮、卷筒防钢丝绳脱槽装置可靠有效；

⑦吊笼运行通道内无障碍物。

6）安装完毕应履行验收程序，验收表格应由责任人签字确认；同时还要检查验收有无量化验收记录。

①物料提升机安装完毕后，应由工程负责人组织安装单位、使用单位、租赁单位和监理单位等对物料提升机安装质量进行验收，并应按规范填写验收记录。物料提升机验收合

格后，应在导轨架明显处悬挂验收合格标志牌。

②金属结构的成套性和完整性；提升机是否完整良好；电气设备是否齐全可靠；基础位置和做法是否符合要求；地锚的位置、附墙架连接预埋的位置是否正确和埋设牢固；需进行空载试验、额定荷载试验、超载试验和安全装置的可靠性试验等。验收单上均应有定量记录、有实测实量数据。

2. 物料提升机一般项目的检查要点

（1）基础与导轨架

1）基础的承载力和平整度应符合规范要求。

物料提升机的基础应能承受最不利工作条件下的全部荷载。30m 及以上物料提升机的基础应进行设计计算。30m 以下物料提升机的基础，当设计无要求时，应符合下列规定：

①基础土层的承载力，不应小于 80kPa；

②基础混凝土强度等级不应低于 C20，厚度不应小于 300mm；

③基础表面应平整，水平度不应大于 10mm；

④垂直度不应大于 10mm；

⑤基础周边应设置排水设施。

2）导轨架的安装程序应按专项安装方案要求执行。紧固件的紧固力矩应符合使用说明书的要求。

①导轨架的轴心线对水平基准面的垂直度偏差不应大于导轨架高度的 0.15%。

②标准节安装时导轨结合面对接应平直，错位形成的阶差应符合下列规定：

a. 吊笼导轨不应大于 1.5mm；

b. 对重导轨、防坠器导轨不应大于 0.5mm。

③标准节截面内，两对角线长度偏差不应大于最大边长的 0.3%。

④井架式物料提升机的架体，在各停层通道相连接的开口处应采取加强措施。

（2）动力与传动

1）卷扬机、曳引机应安装牢固，检查时要符合以下几点规定：

①卷扬机安装位置宜远离危险作业区，且视线良好；

②卷扬机卷筒的轴线应与导轨架底部导向轮的中线垂直，垂直度偏差不宜大于 2°。

③其垂直距离不宜小于 20 倍卷筒宽度；当不能满足条件时，应设排绳器。

卷扬机（曳引机）宜采用地脚螺栓与基础固定牢固；当采用地锚固定时，卷扬机前端应设置固定止挡。

2）钢丝绳在卷筒上应整齐排列，端部应与卷筒压紧装置连接牢固。当吊笼处于最低位置时，卷筒上的钢丝绳不应少于 3 圈。

3）滑轮与吊笼或导轨架应采用刚性连接，严禁采用钢丝绳等柔性连接或使用开口拉板式滑轮。

4）卷扬机应设置防止钢丝绳脱出卷筒的保护装置。该装置与卷筒外缘的间隙不应大于 3mm，并应有足够的强度。

5）当曳引钢丝绳为 2 根及以上时，应设置曳引力自动平衡装置。

（3）通信装置

1）通信装置设置应符合规范要求。

2）当司机对吊笼升降运行、停层平台观察视线不清时，必须设置通信装置，通信装置应同时具备语音和影像显示功能。

（4）卷扬机操作棚

1）应按规范要求设置卷扬机操作棚，卷扬机操作棚的强度、操作空间应符合规范要求。

2）吊笼顶部宜采用厚度不小于 1.5mm 的冷轧钢板，并应设置钢骨架；在任意 0.01m² 面积上作用 1.5kN 的力时，不应产生永久变形；卷扬机操作棚应有足够的操作空间。

（5）避雷装置

1）当物料提升机未在其他避雷装置保护范围内时，应设置避雷装置。

2）避雷装置设置应符合现行行业标准《施工现场临时用电安全技术规范》JGJ 46—2005 的有关规定。

3）施工现场内的起重机、井字架、龙门架等机械设备以及钢脚手架和在建工程等的金属结构，当在相邻建筑物、构筑物等设施的防雷装置接闪器的保护范围以外时，应按表 9-2 的规定安装防雷装置。

施工现场内机械设备及钢脚手架设施需安装防雷装置的规定　　表 9-2

地区年平均雷暴日数（d）	机械设备高度（m）	地区年平均雷暴日数（d）	机械设备高度（m）
≤15	≥50	≥40 且<90	≥20
>15 且<40	≥32	≥90 及雷暴特别严重地区	≥12

4）机械设备或设施的防雷引下线可利用该设备或设施的金属结构体，但应保证电器连接。

5）机械设备上的避雷针（接闪器）长度应为 1～2m，塔式起重机可不另设避雷针（接闪器）。

6）安装避雷针（接闪器）的机械设备，所有固定的动力、控制、照明、信号及通信线路，宜采用钢管敷设。钢管与该机械设备的金属结构体应做电气连接。

7）施工现场内所有防雷装置的冲击接地电阻值不得大于 30Ω。

8）做防雷接地机械上的电气设备，所连接的 PE 线必须同时做重复接地，同一台机械上的电气设备的重复接地和机械的防雷接地可共用同一接地体，但接地电阻应符合重复接地电阻的要求。

9.1.3　注意事项

物料提升机在安全检查中的注意事项包括：

（1）安全装置

1）注意物料提升机要安装起重量限制器、防坠安全器。

2）注意起重量限制器、防坠安全器应灵敏可靠。

3）注意安全停层装置要符合规范要求并应定型化。

4）注意物料提升机应安装上行程限位开关。

5）注意上行程限位开关应灵敏可靠，安全行程要符合规范要求。

6）物料提升机安装高度超过 30m 时，注意要安装渐进式防坠安全器、自动停层、语音及影像信号装置。

（2）防护设施

1）注意应在地面进料口设置防护围栏且设置要符合规范要求。

2）要设置进料口防护棚且设置要符合规范要求。

3）停层平台两侧应设置防护栏杆、挡脚板。

4）停层平台脚手板应铺满、铺平。

5）应安装平台门且平台门要起作用。

6）平台门应达到定型化，吊笼门应符合规范要求。

（3）附墙架与缆风绳

1）注意附墙架的结构、材质、间距应符合产品说明书要求。

2）附墙架应与建筑结构可靠连接。

3）缆风绳设置数量、位置要符合规范要求。

4）缆风绳应使用钢丝绳，同时应与地锚连接。

5）钢丝绳直径不应小于 8mm，与水平面形成的角度应在 45°～60°之间。

6）安装高度超过 30m 的物料提升机不得使用缆风绳。

7）地锚设置应符合规范要求。

（4）钢丝绳

1）注意钢丝绳磨损、变形、锈蚀量应在规范允许范围内。

2）钢丝绳夹设置要符合规范要求。

3）吊笼处于最低位置，卷筒上钢丝绳严禁少于 3 圈。

4）应设置钢丝绳过路保护措施且严禁钢丝绳拖地。

（5）安拆、验收与使用

1）注意安装、拆除单位应取得专业承包资质和安全生产许可证。

2）应制定专项安装、拆除方案，同时要经审核、审批。

3）履行验收程序且验收表要经责任人签字。

4）安装、拆除人员及司机要持证上岗。

5）物料提升机作业前应按规定进行例行检查，同时要填写检查记录。

6）实行多班作业要按规定填写交接班记录。

（6）基础与导轨架

1）注意基础的承载力、平整度应符合规范要求。

2）注意基础周边应设排水设施。

3）导轨架垂直度偏差不应大于导轨高度。

4）井架停层平台通道处的结构应采取加强措施。

（7）动力与传动

1）注意卷扬机、曳引机安装应牢固。

2）卷筒与导轨架底部导向轮的距离小于 20 倍卷筒宽度时应设置排绳器。

3）钢丝绳在卷筒上排列应整齐。

4) 注意滑轮与导轨架、吊笼应采用刚性连接。

5) 卷筒、滑轮应设置防止钢丝绳脱出装置。

6) 注意当曳引钢丝绳为 2 根及以上时，应设置曳引力平衡装置。

（8）通信装置

1) 注意应按规范要求设置通信设置。

2) 注意通信装置功能显示要清晰。

（9）卷扬机操作棚

1) 注意应设置卷扬机操作棚。

2) 卷扬机操作棚搭设要符合规范要求。

（10）避雷装置

1) 注意物料提升机在其他防雷保护范围以外时应设置避雷装置。

2) 注意避雷装置应符合规范要求。

9.2　施工升降机

9.2.1　检查范围

施工升降机的检查范围包括：

（1）保证项目：安全装置、限位装置、防护设施、附墙架、钢丝绳、滑轮与对重、安拆、验收与使用。

（2）一般项目：导轨架、基础、电气安全、通信装置。

9.2.2　检查要点

1. 施工升降机保证项目的检查要点

（1）安全装置

1) 应安装超载保护装置并应灵敏可靠。

为了限制施工升降机的超载使用，施工升降机应安装超载保护装置，该装置应对吊笼内荷载、吊笼顶部荷载均有效。超载保护装置应在荷载达到额定载重量的 90% 时，发出明确报警信号，荷载达到额定载重量的 110% 前终止吊笼启动。

2) 应安装渐进式防坠安全器并应灵敏可靠，并且只能在有效的标定期内使用。

①施工升降机每个吊笼上应装有渐进式防坠安全器（以下简称防坠安全器），不允许采用瞬时式安全器。额定载质量为 200kg 及以下、额定提升速度小于 0.40m/s 的施工升降机允许采用匀速式安全器。

②防坠安全器只能在有效的标定期内使用，防坠安全器的有效标定期不应超过 2 年。防坠安全器无论使用与否，在有效检验期满后都必须重新进行检验标定。施工升降机防坠安全器的寿命为 5 年。

③防坠安全器装机使用时，应按吊笼额定载质量进行坠落试验。以后至少每 3 个月应进行一次额定载质量的坠落试验。

④对质量大于吊笼质量的施工升降机应安装加设对重的防坠安全器。

⑤防坠安全器在任何时候都应该起作用，包括安装和拆除工况。

⑥防坠安全器应能使以触发速度运行的、带有 1.3 倍额定载质量的吊笼制停和保持停止状态。在吊笼空载或带有额定载质量时，防坠安全器的平均减速度应在 $0.2\sim1.0\mathrm{m/s^2}$ 之间，且尖峰减速度不超过 $2.5\mathrm{m/s^2}$、持续时间不超过 $0.04\mathrm{s}$。

⑦一旦防坠安全器触发，正常控制下的吊笼运动应由电气安全装置自动中止。

⑧防坠安全器复位需要由专门人员实施使施工升降机恢复到正常工作状态。防坠安全器试验时，吊笼不允许载人。

⑨应有防止对防坠安全器动作速度作未经授权的调节的措施（如：有效的铅封或漆封等）。

⑩升降平台防坠安全器不应由电动、液压或气动操纵的装置触发。防坠安全器的触发速度应符合表 9-3 的规定。渐进式防坠安全器的制动距离应符合表 9-4 的规定。

⑪在所有承载条件下（超载除外），在防坠安全器动作后，施工升降机结构和各连接部分应无任何损坏及永久性变形，吊笼底板在各个方向的水平度偏差改变值不应大于 $30\mathrm{mm/m}$，且能恢复原状而无永久变形。

防坠安全器标定动作的速度　　表 9-3

施工升降机额定提升速度 v（m/s）	防坠安全器标定动作速度 v（m/s）
$v\leqslant0.60$	$v\leqslant1.00$
$0.60<v\leqslant1.33$	$v_1\leqslant v+0.40$
$v>1.33$	$v_1\leqslant1.3v$

注：对于额定提升速度低、额定载质量大的施工升降机，其防坠安全器可采用较低的动作速度。

防坠安全器制动距离　　表 9-4

施工升降机额定提升速度 v（m/s）	防坠安全器制动距离（m）
$v\leqslant0.60$	$0.15\sim1.40$
$0.60<v\leqslant1.00$	$0.25\sim1.60$
$1.00<v\leqslant1.33$	$0.35\sim1.80$
$v>1.33$	$0.55\sim2.00$

3）对重钢丝绳应安装防松绳开关。

施工升降机对重钢丝绳的一端应设张力均衡装置，并装有由相对伸长量控制的非自动复位型的防松绳开关。当其中一条钢丝绳出现相对伸长量超过允许值或断绳时，该开关将切断控制电路，吊笼停车。对采用单根提升钢丝绳或对重钢丝绳出现松绳时，防松绳开关立即切断控制电路，制动器制动。

4）吊笼的控制装置（含便携式控制装置）应安装非自动复位型的急停开关，任何时候均可切断控制电路停止吊笼运行；吊笼停留时不应有下滑，在空中再启动上升时，不应有瞬时下滑。

5）底架应安装吊笼和对重用的缓冲器，缓冲器应符合规范要求。

人货两用或额定载质量 400kg 以上的货用施工升降机，其底架上应设置吊笼和对重的缓冲器。当吊笼停止在完全压缩的缓冲器上时，对重上面的越程余量不应小于 0.5m。

6）SC 型施工升降机应安装一对以上安全钩，防止吊笼脱离导轨架或防坠安全器输出端齿轮脱离齿条。当采用安全钩时，最高一对安全钩应处于最低驱动齿轮之下。

（2）限位装置

1）应安装非自动复位型极限开关并应灵敏可靠。

齿轮齿条式施工升降机和钢丝绳式人货两用施工升降机必须设置极限开关，吊笼越程超过限位开关后，极限开关须切断总电源使吊笼停车。极限开关为非自动复位型的，其动作后必须手动复位才能使吊笼重新启动。

2）应安装自动复位型上、下限位开关并应灵敏可靠，上、下限位开关安装位置应符合规范要求。

①正常工作状态下，上极限开关的安装位置应保证上极限开关与上限位开关之间的越程距离：上极限开关与上限位开关之间的越程距离为 0.15m（注：其中齿轮齿条式施工升降机为 0.15 m；钢丝绳式施工升降机为 0.5 m）。

②在正常工作状态下，下限位开关的安装位置应保证吊笼碰到缓冲器前，下极限开关首先动作。下限位开关的安装位置应保证吊笼以额定载质量下降时，触板触发该开关使吊笼制停，此时触板离下极限开关还应有一定行程。

3）极限开关不应与限位开关共用一个触发元件。

上、下限位开关应能自动地将吊笼从额定速度上停止。不应以触发上、下限位开关来作为吊笼在最高层站和地面站停站的操作。极限开关不应与限位开关共用一个触发元件。行程限位开关均应由吊笼或相关零件的运动直接触发。

4）吊笼门应安装机电连锁装置并应灵敏可靠。

吊笼门应装有机械锁止装置和电气安全开关，只有当门完全关闭后，吊笼才能启动。

5）吊笼顶窗应安装电气安全开关并应灵敏可靠。

封闭式吊笼顶部应有紧急出口，并配有专用扶梯。出口面积不小于 0.4m×0.6m，出口应装有向外开启的活动门，并设有电气安全开关，当门打开时，吊笼不能启动。

（3）防护设施

1）吊笼和对重升降通道周围应安装地面防护围栏，并应符合规范要求，围栏门应安装机电连锁装置并应灵敏可靠。

①地面防护围栏的高度不应低于 1.8m。对于钢丝绳式的货用施工升降机，其地面防护围栏的高度不应低于 1.5m。

②地面防护围栏的任一 2500mm² 的方形或圆形面积上，应能承受 350N 的水平力而不产生永久变形。

③地面防护围栏可采用实体板、冲孔板、焊接或编织网等制作。网孔的孔眼或开口应符合表 9-5 的规定。

孔眼或开口尺寸　　　　　　　　　　　　　表 9-5

与相近运动部件的间隙（mm）	孔眼或开口的尺寸（mm）
$a \leqslant 22$	$b \leqslant 10$
$22 < a \leqslant 50$	$b \leqslant 13$
$50 < a \leqslant 100$	$b \leqslant 25$

注：若孔眼或开口是长方形，则其宽度不应大于表内所列最大数值，其长度可大于表内最大数值。

④围栏登机门应装有机械锁止装置和电气安全开关，使吊笼只有位于底部规定位置时，围栏登机门才能开启，且在门开启后吊笼不能启动。钢丝绳式货用施工升降机，围栏登机门应装有电气安全开关，使吊笼只有在围栏登机门关好后才能启动。

⑤当附件或操作箱位于施工升降机防护围栏内时，应另设置隔离区域，并安装锁紧门。

2）应设置地面出入通道防护棚并应符合规范要求。

当建筑物超过 2 层时，施工升降机地面通道上方应搭设防护棚。当建筑物高度超过 24m 时，应设置双层防护棚。

3）各停层平台应设置层门，层门安装和开启不得突出到吊笼的升降通道上，层门应保证在关闭时人员不能进出。层门高度和强度应符合规范要求，并应定型化。

4）停层平台的搭设应符合现行行业标准《建筑施工扣件式钢管脚手架安全技术规范》JGJ 130—2011 及其他相关标准的规定，并应能承受 $3kN/m^2$ 的荷载；停层平台外缘与吊笼门外缘的水平距离不宜大于 100mm，与外脚手架外侧立杆（当无外脚手架时与建筑结构外墙）的水平距离不宜小于 1m。

5）停层平台两侧应设置防护栏杆、挡脚板。高度降低的层门两侧应设置高度不小于 1.1m 的护栏，护栏的中间高度处应设横杆，踢脚板高度不应小于 100mm。侧面护栏与吊笼的间距应为 100～200mm。平台脚手板应铺满、铺平。

①对于全高度层门，除了门下部间隙不应大于 50mm 外，各门周围的间隙或门各零件间的间隙应符合表 9-5 的规定。

②层门可采用实体板、冲孔板、焊接或编织网等制作，网孔门的孔眼或开口应符合表 9-5 的规定，其承载性能应符合：地面防护围栏的任一 $2500mm^2$ 的方形或圆形面积上，应能承受 350N 的水平力而不产生永久变形。

③层门不得向吊笼运行通道一侧开启，实体板的层门上应在视线位置设观察窗，窗的面积不应小于 $25000mm^2$。

④层门的净宽度与吊笼进出口宽度之差不得大于 120mm。

⑤全高度层门开启后的净高度不应小于 2.0m。在特殊情况下，当进入建筑物的入口高度小于 2.0m 时，则允许降低层门框架高度，但净高度不应小于 1.8m。

⑥高度降低的层门其高度不应小于 1.1m。层门与正常工作的吊笼运动部件的安全距离不应小于 0.85m；如果施工升降机额定提升速度不大于 0.7m/s 时，则此安全距离可为 0.5m。

⑦高度降低的层门两侧应设置高度不小于 1.1m 的护栏，护栏的中间高度处应设横杆，踢脚板高度不应小于 100mm。侧面护栏与吊笼的间距应为 100～200mm。

⑧水平滑动层门和垂直滑动层门应在相应的上下边或两侧设置导向装置，其运动应有挡块限位。

⑨垂直滑动层门至少应有 2 套独立的悬挂支撑系统。

⑩层门的平衡重必须有导向装置，并且应有防止其滑出导轨的措施。门与平衡重的质量之差不应超过 5kg，应有保护人的手指不被门压伤的措施。

⑪正常工况下，关闭的吊笼门与层门间的水平距离不应大于 200mm。

⑫装载和卸载时，吊笼门框外缘与登机平台边缘之间的水平距离不应大于 50mm。

⑬人货两用施工升降机机械传动层门的开、关过程应由吊笼内乘员操作，不得受吊笼运动的直接控制。

⑭层门应与吊笼电气或机械连锁。只有在吊笼底板离某一登机平台的垂直距离为±0.25m 以内时，该平台的层门方可打开。

⑮对于机械传动的垂直滑动层门，采用手动开门，其所需力大于 500N 时，可不加机械锁止装置。

⑯层门锁止装置应安装牢固，紧固件应有防松装置。锁止装置和紧固件在锁止位置应能承受 1kN 沿开门方向的力。

⑰层门锁止装置及其附件的安装位置应设在人员不易碰触之处。层门锁止装置应加防护罩，且维修方便。

⑱所有锁止元件的嵌入深度不应小于 7mm。

（4）附墙架

1）附墙架应采用配套标准产品，当附墙架不能满足施工现场要求时，应对附墙架另行设计，附墙架的设计应满足构件刚度、强度、稳定性等要求，制作应满足设计要求；附墙架与建筑结构连接方式、角度应符合说明书要求。

2）附墙架附着点处的建筑结构承载力应满足施工升降机使用说明书的要求，附墙撑杆平面与附着面的方向夹角不应大于 8°。

3）施工升降机的附墙架形式、附着高度、垂直距离、附着点水平距离、附墙架与水平面之间的夹角、导轨架自由端高度和导轨架与主体结构间水平距离等均应符合使用说明书的要求。

4）附墙架间距、最高附着点以上导轨架的自由高度应符合说明书要求。

（5）钢丝绳、滑轮与对重

1）钢丝绳

①钢丝绳的选用应符合《重要用途钢丝绳》GB 8918—2006 的规定。钢丝绳的安装、维护、检验和报废应符合《起重机钢丝绳保养、维护、安装、检验和报废》GB/T 5972—2009 的规定。

②钢丝绳式人货两用施工升降机，提升吊笼的钢丝绳不得少于 2 根，且应相互独立。每根钢丝绳的安全系数不应小于 12，直径不应小于 9mm。

③钢丝绳式货用施工升降机，当提升吊笼用 1 根钢丝绳时，其安全系数不应小于 8；

④对额定载质量不大于 320kg 的施工升降机，钢丝绳直径不得小于 6mm。额定载质量大于 320kg 的施工升降机，钢丝绳直径不应小于 8mm。

⑤齿轮齿条式人货两用施工升降机悬挂对重的钢丝绳不得少于 2 根，且应相互独立。每根钢丝绳的安全系数不应小于 6，直径不应小于 9mm。齿轮齿条式货用施工升降机悬挂对重的钢丝绳为单绳时，安全系数不应小于 8。

⑥防坠安全器上用钢丝绳的安全系数不应小于 5，直径不应小于 8mm。

⑦门悬挂装置的悬挂绳或链的安全系数不应小于 6。安装吊杆用提升钢丝绳的安全系数不应小于 8，直径不应小于 5mm。

⑧钢丝绳应尽量避免反向弯曲的结构布置。需要储存预留钢丝绳时，所用接头或附件不应对以后投入使用的钢丝绳截面产生损伤。

2）滑轮

①钢丝绳式人货两用施工升降机的提升滑轮名义直径与钢丝绳直径之比不应小于 30。

②钢丝绳式货用施工升降机的提升滑轮名义直径与钢丝绳直径之比不应小于 20。吊笼对重用滑轮的名义直径与钢丝绳直径之比不得小于 30。

③平衡滑轮的名义直径不得小于 0.6 倍的提升滑轮名义直径；防坠安全器专用滑轮的名义直径与钢丝绳直径之比不应小于 15。

④门悬挂用滑轮的名义直径与钢丝绳直径之比不应小于 15。

⑤所有滑轮、滑轮组均应有钢丝绳防脱装置，该装置与滑轮外缘的间隙不应大于钢丝绳直径的 20%，且不应大于 3mm。

⑥绳槽应为弧形，槽底半径 R 与钢丝绳半径 r 的关系应为：$1.05r \leqslant R \leqslant 1.075r$，深度不小于 1.5 倍钢丝绳直径。钢丝绳进出滑轮的允许偏角不得大于 $2.5°$。

3）对重

①当施工升降机有一施工空间或通道在对重下方时，则应采取防止对重坠落的安全防护措施。

②当对重使用填充物时，应采取措施防止其窜动。对重应根据有关规定的要求涂成警告色。

③采用卷扬机驱动的钢丝绳式施工升降机吊笼不应使用对重。

④为了防止对重从导轨上脱出，除了对重导轮或滑靴外，还应设有防脱轨保护装置。

⑤安装、加节时应留出对重在导轨架顶部越程余量，当吊笼的额定提升速度大于 1.0m/s 时，对重越程不应小于 2.0m。

⑥对重导轨可以是导轨架的一部分，柔性物体（如链条、钢丝绳）不能用作对重导轨。

（6）安拆、验收与使用

1）安装、拆除单位应具备建设行政主管部门颁发的起重设备安装工程专业承包资质和建筑施工企业安全生产许可证。

2）安装、拆除应制定专项施工方案，并经过审核、审批。

施工升降机安装、拆除前，应编制专项施工方案，指导作业人员实施安装、拆除作业。专项施工方案应根据塔式起重机使用说明书和作业场地的实际情况编制，并应符合国家现行相关标准的规定。专项施工方案应由本单位技术、安全、设备等部门审核、技术负责人审批后，经监理单位批准实施。

3）施工升降机安装、拆除工程专项施工方案应包括下列主要内容：

①工程概况；

②编制依据；

③作业人员组织和职责；

④施工升降机安装位置平面、立面图和安装作业范围平面图；

⑤施工升降机技术参数、主要零部件外形尺寸和重量；

⑥辅助起重设备的种类、型号、性能及位置安排；

⑦吊索具的配置、安装与拆除工具及仪器；

⑧安装、拆除步骤与方法；

⑨安全技术措施；

⑩安全应急预案。

4）安装完毕应履行验收程序，验收表格应由责任人签字确认。

①安装单位自检合格后，应经有相应资质的检验检测机构监督检验。

②检验合格后，使用单位应组织租赁单位、安装单位和监理单位等进行验收。实行施工总承包的，应由施工总承包单位组织验收。

③严禁使用未经验收或验收不合格的施工升降机。

④使用单位应自施工升降机安装验收合格之日起 30 日内，将施工升降机安装验收资料、施工升降机安全管理制度、特种作业人员名单等，向工程所在地县级以上建设行政主管部门办理使用登记备案。

5）安装、拆除作业人员及司机应持证上岗，同时施工升降机的安装、拆除作业应配备下列人员：

①持有安全生产考核合格证书的项目负责人和安全负责人、机械管理人员；

②具有建筑施工特种作业操作资格证书的建筑起重机械安装拆卸工、起重机司机、起重信号工、司索工等特种作业操作人员。

6）实行多班作业的施工升降机，应执行交接班制度，交班司机应填写交班记录表。接班司机应进行班前检查，确认无误后，方能开机作业。

施工升降机作业前应按规定进行检查，并应填写检查记录；实行多班作业，应按规定填写交班记录。

①在每天开工前和每次换班前，施工升降机司机应按使用说明书的要求对施工升降机进行检查。对检查结果进行记录，发现问题应向使用单位报告。

②在使用期间，使用单位应每月组织专业技术人员按规定对施工升降机进行检查，并对检查结果进行记录。

③应按使用说明书的规定对施工升降机进行保养、维修。保养、维修的时间间隔应根据使用频率、操作环境和施工升降机的状况等因素确定。使用单位应在施工升降机使用期间安排足够的设备保养、维修时间。

④施工升降机使用期间，每 3 个月应进行不少于一次的额定载质量坠落试验。坠落试验的方法、时间间隔及评定标准应符合使用说明书、《货用施工升降机　第 1 部分：运载装置可进人的升降机》GB 10054.1—2014 和《货用施工升降机　第 2 部分：运载装置不可进人的倾斜式升降机》GB 10054.2—2014 中的相关规定。

⑤应将各种与施工升降机检查、保养和维修相关的记录纳入安全技术档案，并在施工升降机使用期间内在工地存档。

2. 施工升降机一般项目的检查要点

（1）导轨架

1）导轨架垂直度应符合规范要求。

①对垂直安装的齿轮齿条式施工升降机，导轨架轴心线对底座水平基准面的安装垂直度偏差应符合表 9-6 的规定。

②对倾斜式或曲线式导轨架的齿轮齿条式施工升降机，其导轨架正面的垂直度偏差应符合表 9-6 的规定。

③对钢丝绳式施工升降机，导轨架轴心线对底座水平基准面的安装垂直度偏差值不应大于导轨架高度的 1.5/1000。

安装垂直度偏差

表 9-6

导轨架架设高度 h（m）	$h \leqslant 70$	$70 < h \leqslant 100$	$100 < h \leqslant 150$	$150 < h \leqslant 200$	$h > 200$
垂直度偏差（mm）	不大于导轨架设高度的 1/1000	$\leqslant 70$	$\leqslant 90$	$\leqslant 110$	$\leqslant 130$

2）标准节的质量应符合产品说明书及规范要求：标准节腐蚀、磨损、开焊、变形应符合说明书及规范要求。

①制造商应对施工升降机主要结构件的腐蚀、磨损极限做出规定，对于标准节立管应明确腐蚀和磨损程度与导轨架自由端高度、导轨架全高减少量的对应关系。当立管壁厚最大减少量为出厂厚度的 25% 时，此标准节应予报废或按立管壁厚规格降级使用。

②标准节焊接缝应饱满、平整，不应有漏焊、裂缝、弧坑、气孔、夹渣、烧穿、咬肉及未焊透等缺陷。焊渣、灰渣应清除干净。焊缝的几何形状与尺寸应符合制造标准的规定。

3）对重导轨应符合规范要求，标准节结合面阶差不应大于 0.8mm。

①对重的导轨可以是导轨架的一部分，柔性物件（如钢丝绳、链条）不能用作导轨。各标准节、导轨之间应有保持对正的连接接头。连接接头应牢固、可靠。

②标准节应保证互换性。拼接时，相邻标准节的立柱结合面对接应平直，相互错位形成的阶差应限制在：吊笼导轨不大于 0.8mm，对重导轨不大于 0.5mm。

③标准节上的齿条连接应牢固，相邻两齿条的对接处，沿齿高方向的阶差不应大于 0.3mm，沿长度方向的齿距偏差不应大于 0.6mm。

4）标准节连接螺栓使用应符合产品说明书及规范要求，安装时应螺杆在下、螺母在上，一旦螺母脱落后，容易及时发现安全隐患。标准节连接螺栓的强度等级不应低于 8.8 级。

（2）基础

1）基础制作、验收应符合说明书及规范要求：施工升降机的基础应能承受最不利工作条件下的全部荷载。

2）基础设置在地下室顶板或楼面结构上时，应对其支撑结构进行承载力验算。

特殊基础应有制作方案及验收资料，对设置在地下室顶板、楼面或其他下部悬空结构上的施工升降机，应对基础支撑结构进行承载力验算；施工升降机安装前应按规程对基础进行验收，合格后方能安装。

3）基础周围应设有排水设施（先检查基础部位是否有积水，是否有下沉迹象）。

（3）电气安全

1）施工升降机电气系统对导轨的绝缘电阻不应小于 0.5MΩ；电气线路对地的绝缘电阻不应小于 1MΩ。

2）施工升降机各种电气安全保护装置应齐全、可靠。

3）施工升降机金属结构和电气设备金属外壳均应接地，接地电阻不大于 4Ω。

4）零线和接地线必须分开，接地线严禁作载流回路。

5）电路应设有相序和断相保护器及过载保护器。施工升降机应有主电路各相绝缘的手动开关，该开关应设在便于操作之处。开关手柄应能单向切断主电路且在"断开"的位置上可以锁住。

6）施工升降机与架空线路安全距离和防护应符合《施工现场临时用电安全技术规范》JGJ 46—2005 的规定。

施工升降机与架空线路的安全距离是指施工升降机最外侧边缘与架空线路边线的最小距离。施工升降机最外侧边缘与外面架空输电线路的边线之间，应保持安全操作距离。最小安全操作距离应符合表 9-7 的规定。

最小安全操作距离　　　　表 9-7

外电线路电压 （kV）	<1	1～10	35～110	220	330～500
最小安全操作距离 （m）	4	6	8	10	15

7）电缆导向架设置应符合说明书及规范要求；电缆应符合说明书及规范要求，并保证在吊笼运行中不受阻碍；施工升降机电缆电线在布线和安装时应注意防止机械损伤，尤其要注意吊笼上悬挂电缆的强度和气候的影响。

8）施工升降机在其他避雷装置保护范围外时应设置避雷装置，并应符合规范要求。

①当在建工程等的金属结构在相邻建筑物、构筑物等设施的防雷装置（接闪器）保护范围以外时，应按表 9-2 的规定设置防雷装置。

②施工现场内所有防雷装置的冲击接地电阻值不得大于 30Ω。

③做防雷接地机械上的电气设备，所连接的 PE 线必须同时做重复接地，同一台机械上的电气设备的重复接地和机械的防雷接地可共用同一接地体，但接地电阻应符合重复接地电阻值的要求。

④机械设备上的避雷针（接闪器）长度应为 1～2m，塔式起重机可不另设避雷针（接闪器）。机械设备或设施的防雷引下线可利用该设备或设施的金属结构体，但应保证电气连接。

⑤安装避雷针（接闪器）的机械设备，所有固定的动力、控制、照明、信号及通信线路，宜采用钢管敷设。钢管与该机械设备的金属结构体应做电气连接。

（4）通信装置

1）施工升降机应安装楼层信号联络装置，并应清晰有效。

2）安装在阴暗处或夜班作业的施工升降机，应在全行程装设明亮的楼层编号标志灯。夜间施工时作业区应有足够的照明，照明应满足现行行业标准《施工现场临时用电安全技术规范》JGJ 46—2005 的规定。

9.2.3　注意事项

施工升降机在安全检查中的注意事项包括：

（1）安全装置

  1）注意施工升降机应安装起重量限制器且应灵敏可靠。

  2）应安装渐进式防坠安全器且应灵敏可靠。

  3）防坠安全器应在有效的标定期内使用。

  4）对重钢丝绳应安装防松绳装置且应灵敏可靠。

  5）应安装急停开关且急停开关需符合规范要求。

  6）应安装吊笼和对重缓冲器且缓冲器要符合规范要求。

  7）SC 型施工升降机应安装安全钩。

（2）限位装置

  1）注意施工升降机应安装极限开关且应灵敏可靠。

  2）注意应安装上限位开关且应灵敏可靠。

  3）注意应安装下限位开关且应灵敏可靠。

  4）极限开关与上限位开关安全越程要符合规范要求。

  5）注意极限开关与上、下限位开关不允许共用一个触发元件。

  6）应安装吊笼门机电连锁装置且应灵敏可靠。

  7）应安装吊笼顶窗电气安全开关且应灵敏可靠。

（3）防护设施

  1）注意应设置地面防护围栏且设置应符合规范要求。

  2）注意应安装地面防护围栏门连锁保护装置且应灵敏可靠。

  3）应设置出入口防护棚且设置要符合规范要求。

  4）停层平台搭设要符合规范要求。

  5）应安装层门且层门要起作用。

  6）层门应符合规范要求，并应定型化。

（4）附墙架

  1）注意附墙架采用非配套标准产品应进行设计计算。

  2）附墙架与建筑结构连接方式、角度应符合说明书要求。

  3）附墙架间距、最高附着点以上导轨架的自由高度应符合产品说明书的要求。

（5）钢丝绳、滑轮与对重

  1）注意对重钢丝绳不得少于 2 根且应相对独立。

  2）钢丝绳磨损、变形、锈蚀应在规范允许范围内。

  3）钢丝绳的规格、固定应符合产品说明书及规范要求。

  4）滑轮应安装钢丝绳防脱装置且应符合规范要求。

  5）对重重量、固定应符合产品说明书及规范要求。

  6）对重应安装防脱轨保护装置。

（6）安拆、验收与使用

  1）注意安装、拆除单位应取得专业承包资质和安全生产许可证。

  2）注意要编制专项安装、拆除方案且应经审核、审批。

  3）应履行验收程序且验收表要经责任人签字。

  4）安装、拆除人员及司机应持证上岗。

  5）施工升降机作业前应按规定进行检查，填写检查记录。

6）实行多班作业应按规定填写交接班记录。

（7）导轨架

1）注意导轨架垂直度应符合规范要求。

2）标准节质量要符合产品说明书及规范要求。

3）对重导轨应符合规范要求。

4）标准节连接螺栓使用应符合产品说明书及规范要求。

（8）基础

1）注意基础制作、验收要符合说明书及规范要求。

2）基础设置在地下室顶板或楼面结构上，应对其支撑结构进行承载力验算。

3）基础四周应设置排水设施。

（9）电气安全

1）注意施工升降机与架空线路距离应符合规范要求，要采取防护措施。

2）防护措施应符合要求。

3）应设置电缆导向架且设置应符合规范要求。

4）施工升降机在防雷保护范围以外时应设置避雷装置。

5）避雷装置应符合规范要求。

（10）通信装置

1）注意应安装楼层信号联络装置。

2）楼层联络信号应清晰。

9.3　塔式起重机

9.3.1　检查范围

塔式起重机的检查范围包括：

（1）保证项目：载荷限制装置、行程限位装置、保护装置、吊钩、滑轮、卷筒与钢丝绳、多塔作业、安拆、验收与使用。

（2）一般项目：附着、基础与轨道、结构设施、电气安全。

9.3.2　检查要点

1. 塔式起重机保证项目的检查要点

（1）载荷限制装置

1）应安装起重量限制器并应灵敏可靠，当起重量大于相应档位的额定值并小于该额定值的110％时，应切断上升方向上的电源，但机构可作下降方向的运动。

2）塔式起重机应安装起重力矩限制器并应灵敏可靠。

①当起重力矩大于相应工况下的额定值并小于该额定值的110％时，应切断上升和幅度增大方向的电源，但机构可作下降和减小幅度方向的运动；

②力矩限制器控制定码变幅的触点或控制定码变幅的触点应分别设置，且能分别调整；

③对小车变幅的塔式起重机，其最大变幅速度超过 40m/min，在小车向外运行且起重力矩达到额定值的 80％时，变幅速度应自动转换为不大于 40m/min 的速度运行。当起重量达到额定起重量的 90％～95％时，应发出视觉和/或听觉预警信号。

（2）行程限位装置

1）应安装起升高度限位器，起升高度限位器的安全越程应符合规范要求，并应灵敏可靠。

①对动臂变幅的塔式起重机，当吊钩装置顶部升至起重臂下端 800mm 处时，应能立即停止起升运动，对没有变幅重物平移功能的动臂变幅的塔式起重机，还应同时切断向外变幅控制回路电源，但应有下降和向内变幅运动；

②对小车变幅的塔式起重机，当吊钩装置顶部升至小车架下端 800mm 处时，应能立即停止起升运动，但应有下降运动；

③所有类型塔式起重机，当钢丝绳松弛可能造成卷筒乱绳或反卷时应设置下限位器，在吊钩不能再下降或卷筒上钢丝绳只剩 3 圈时应能立即停止下降运动。

2）应安装幅度限位器并应灵敏可靠。

①小车变幅的塔式起重机，应设置小车行程限位开关；

②动臂变幅的塔式起重机应安装臂架低位和高位的幅度限制开关，以及防止臂架反弹后翻的装置，并应灵敏可靠。

3）回转部分不设集电器的塔式起重机应安装回转限位器并应灵敏可靠。

①回转部分不设集电器的塔式起重机，应安装回转限位器，防止电缆绞损；

②回转机构宜采用集电器供电，不使用集电器时，应设置限位器限制臂架两个方向的旋转角度；

③对回转处不设集电器供电的塔式起重机，应设置正反两个方向回转限位开关，开关动作时臂架旋转角度不应大于±540°。

4）轨道式塔式起重机应安装行走限位器并应灵敏可靠。

轨道式塔式起重机行走机构应在每个运行方向设置行程限位开关。在轨道上应安装限位开关碰铁。

（3）保护装置

1）小车变幅的塔式起重机应安装断绳保护及断轴保护装置并应符合规范要求。

对小车变幅的塔式起重机应设置双向小车变幅断绳保护装置，保证在小车前后牵引钢丝绳断绳时小车在起重臂上部移动；断轴保护装置必须保证即使车轮失效，小车也不能脱离起重臂。

2）塔式起重机行走及小车变幅的轨道行程末端应安装缓冲器及止挡装置并应符合规范要求。

①对轨道运行的塔式起重机，每个运行方向应设置限位装置，其中包括限位开关、缓冲器和终端止挡装置。限位开关应保证开关动作后塔式起重机停车时其端部距缓冲器最小距离大于 1m。

②塔式起重机行走及小车变幅的轨道行程末端均需设置止挡装置。缓冲器安装在止挡装置或塔式起重机（变幅小车）上，当塔式起重机（变幅小车）与止挡装置撞击时，缓冲器应使塔式起重机（变幅小车）较平稳地停车而不产生猛烈的冲击。

3）起重臂根部绞点高度大于 50m 的塔式起重机应安装风速仪并应灵敏可靠。

起重臂根部铰点高度大于 50m 的塔式起重机应配备风速仪。当风速大于工作极限风速时，应能发出停止作业的警报。风速仪应设在塔式起重机顶部的不挡风处。

4）塔式起重机顶部高度大于 30m 且高于周围建筑物时应安装障碍指示灯。

塔式起重机顶部高度大于 30m 且高于周围建筑物时，应在塔式起重机顶部和臂架端部安装红色障碍指示灯，该指示灯的供电不应受停机的影响。

（4）吊钩、滑轮、卷筒与钢丝绳

1）吊钩应安装钢丝绳防脱钩装置并完整可靠，吊钩的磨损、变形应在规范允许范围内；吊钩应设置防止吊索或吊具非人为脱出的装置。吊钩严禁补焊，有下列情况之一的应予以报废：

①表面有裂纹；

②挂绳处截面磨损量超过原高度的 10%、心轴磨损量超过其直径的 5%；

③钩尾和螺纹部分等危险截面及钩筋有永久性变形；

④开口度比原尺寸增加 15%；

⑤钩身的扭转角度超过 10°。

2）滑轮、卷筒应安装钢丝绳防脱装置并完整可靠，滑轮、卷筒的裂纹、磨损应在规范允许范围内；滑轮、起升卷筒及动臂变幅卷筒均应设有钢丝绳防脱装置，该装置与滑轮或卷筒侧板最外缘的间隙不应超过钢丝绳直径的 20%；装置可能与钢丝绳接触的表面不应有棱角。卷筒两侧边缘超过最外层钢丝绳的高度不应小于钢丝绳直径的 2 倍。卷筒和滑轮有下列情况之一的应予以报废：

①裂纹或轮缘破损；

②卷筒壁磨损量达原壁厚的 10%；

③滑轮绳槽壁厚磨损量达原壁厚的 20%；

④滑轮槽底的磨损量超过相应钢丝绳直径的 25%。

3）钢丝绳的磨损、变形、锈蚀应在规范允许范围内，钢丝绳的规格、固定、缠绕应符合说明书及规范要求。

①在以下情况下钢丝绳要做报废处理：

a. 外部腐蚀：钢丝的外部腐蚀可用肉眼观察到当表面出现深坑、钢丝相当松弛时应报废。

钢丝绳外层绳股表面的磨损，是由于它在压力作用下与滑轮和卷筒的绳槽接触摩擦造成的。这种现象在吊载加速和减速运动时，钢丝绳与滑轮接触的部位特别明显，并表现为外部钢丝磨成平面状。

润滑不足或不正确的润滑以及存在灰尘和砂粒都会加剧磨损。

磨损使钢丝绳的断面积减小因而强度降低。当外层钢丝磨损达到其直径的 40% 时，钢丝绳应报废。

当钢丝绳直径相对于公称直径减小 7% 或更多时，即使未发现断丝，该钢丝绳也应报废。

b. 内部腐蚀：内部腐蚀比经常伴随它出现的外部腐蚀难发现。但下列现象可供识别：

钢丝绳直径的变化。钢丝绳在绕过滑轮的弯曲部位直径通常变小。但对于静止段的钢丝绳则常由于外层绳股出现锈积而引起钢丝绳直径的增加。

钢丝绳外层绳股间的空隙减小，还经常伴随出现外层绳股之间断丝。

如果有任何内部腐蚀的迹象，则应由主管人员对钢丝绳进行内部检验。若确认有严重的内部腐蚀，则钢丝绳应立即报废。

c. 变形：钢丝绳失去正常形状产生肉眼可见的畸形方称"变形"。这种变形部位（或畸形部位）可能引起变化，它会导致钢丝绳内部应力分布不均匀。

②钢丝绳端部的固接方法常见的有以下 3 种：

a. 用楔形接头固接时，塔式起重机起升钢丝绳宜使用不旋转钢丝绳。未采用不旋转钢丝绳时，其绳端应设有防扭装置。楔套和楔表面应光滑平整，尖棱和冒口应除去，并不应有降低强度和明显有损外观的缺陷（如气孔、裂纹、疏松、夹砂、铸疤等）；楔形接头使用时应合理安装。

b. 用钢丝绳夹固接时，钢丝绳吊索绳夹最少数量应满足表 9-1 的要求。

c. 用压板固接时，压板表面应光滑平整、无毛刺、瑕疵、锐边和表面粗糙不平等缺陷。

（5）多塔作业

1）多塔作业应制定专项施工方案并经过审批，方案内容符合规范要求。

①当多台塔式起重机在同一施工现场交叉作业时，应编制专项施工方案，并应采取防碰撞的安全措施。

②相关技术用表可参照《广东省建筑施工安全管理资料统一用表》（2011 版）——GDAQ21101、GDAQ21102、GDAQ21103。

2）任意两台塔式起重机之间的最小架设距离应符合规范要求。

①低位塔式起重机的起重臂端部与另一台塔式起重机的塔身之间的距离不得小于 2m；

②高位塔式起重机最低位置的部件（或吊钩升至最高点或平衡重的最低部位）与低位塔式起重机中处于最高位置的部件之间的垂直距离不得小于 2m。

3）两台相邻塔式起重机的安全距离如果控制不当，很可能会造成重大安全事故。当相邻工地发生多台塔式起重机交错作业时，应在协调相互作业关系的基础上，编制各自的专项使用方案，确保任意两台塔式起重机不发生触碰。

（6）安拆、验收与使用

1）安装、拆除单位应具有起重设备安装工程专业承包资质和安全生产许可证。

①塔式起重机安装、拆除单位必须具有从事塔式起重机安装、拆除业务的资质及安全生产许可证；

②在其资质许可范围内从事施工作业活动。

2）安装、拆除应制定专项施工方案，并经过审核、审批。

①塔式起重机安装、拆除前，应编制专项施工方案，指导作业人员实施安装、拆除作业。专项施工方案应根据塔式起重机使用说明书和作业场地的实际情况编制，并应符合国家现行相关标准的规定。专项施工方案应由本单位技术、安全、设备等部门审核、技术负责人审批后，经监理单位批准实施。

②相关技术用表可参照《广东省建筑施工安全管理资料统一用表》（2011 版）。

3）安装完毕后应履行验收程序，验收表格应由责任人签字确认。

①经自检、检测合格后，应由总承包单位组织出租、安装、使用、监理等单位进行验收。

②相关技术用表可参照《广东省建筑施工安全管理资料统一用表》(2011 版)。

4) 安装、拆除作业人员及司机、指挥应持证上岗：塔式起重机安装、拆除作业应配备具有建筑施工特种作业操作资格证书的建筑起重机械安装拆卸工、起重司机、起重信号工、司索工等特种作业操作人员。

5) 塔式起重机作业前应按规定进行检查，并应填写检查记录。

①塔式起重机起吊前，应对安全装置进行检查，确认合格后方可起吊；安全装置失灵时，不得起吊。

②日常检查至少应包括以下内容：

a. 机构运转情况，尤其是制动器的动作情况（空载时）；

b. 指示与限制装置的动作情况；

c. 肉眼可见的明显缺陷，包括钢丝绳和钢结构。

6) 实行多班作业，应按规定填写交接班记录。

实行多班作业的设备，应执行交接班制度，认真填写交接班记录，接班司机经检查确认无误后，方可开机作业。

2. 塔式起重机一般项目的检查要点

(1) 附着

1) 当塔式起重机作附着使用时，附着装置的设置和自由端高度等应符合使用说明书的规定。

2) 当附着水平距离、附着间距等不满足使用说明书要求时，应进行设计计算、绘制制作图和编写相关说明。

3) 附着装置的构件和预埋件应由原制造厂家或由具有相应能力的企业制作。

4) 附着装置设计时，应对支撑处的建筑主体结构进行验算。

5) 安装内爬式塔式起重机的基础、锚固、爬升支撑结构等应根据使用说明书提供的荷载进行设计计算，并应对内爬式塔式起重机的建筑承载结构进行验算。

6) 附着前、后塔身垂直度应符合规范要求，在空载、风速不大于 3m/s 状态下：

①独立状态下塔身（或附着状态下最高附着点以上塔身）对支撑面的垂直度≤4‰；

②附着状态下最高附着点以下塔身对支撑面的垂直度≤2‰。

(2) 基础与轨道

1) 塔式起重机基础应按产品说明书及相关规定进行设计、检测和验收。

塔式起重机说明书提供的设计基础如不能满足现场地基承载力要求时，应进行塔式起重机基础变更设计，并履行审批、检测、验收手续后方可实施。

2) 安装前应根据专项施工方案，对塔式起重机基础的下列项目进行检查，确认合格后方可实施：

①基础的位置、标高、尺寸。

②基础的隐蔽工程验收记录和混凝土强度报告等相关资料，其中混凝土基础应符合以下规定：

a. 混凝土基础应能承受工作状态和非工作状态下的最大荷载，并应满足塔式起重机抗倾翻稳定性的要求；

b. 对混凝土基础的抗倾翻稳定性计算及地面压应力的计算应符合《塔式起重机设计规范》GB/T 13752—1992 的有关规定；

c. 使用单位应根据塔式起重机原制造商提供的载荷参数设计制造混凝土基础；

d. 若采用塔式起重机原制造商推荐的混凝土基础，固定支腿、预埋件和地脚螺栓应按原制造商规定的方法使用。

③碎石基础应符合下列要求：

a. 当塔式起重机轨道敷设在地下建筑物（如暗沟、防空洞等）的上面时，应采取加固措施。

b. 敷设碎石前的路面应按设计要求压实，碎石基础的尺寸应满足塔式起重机工作状态稳定的要求以及地基承载力的要求。固定基础应由专业工程师设计。当设计的基础要求降低塔式起重机的独立使用高度时，应在设计文件中清晰地标明允许的最大独立使用高度并确保按其执行。

c. 路基两侧或中间应设有排水沟，保证路基无积水。

3）路基箱或枕木铺设应符合说明书及规范要求。

4）轨道铺设应符合说明书及规范要求。

①轨道应通过垫块与轨枕可靠连接，每隔 6m 应设一个轨距拉杆。钢轨接头处应有轨枕支撑，不应悬空。在使用过程中轨道不应移动。

②轨距允许误差不大于公称值的 1/1000，其绝对值不大于 6mm。

③钢轨接头间隙不大于 4mm，与另一侧钢轨接头的错开距离不小于 1.5m，接头处两轨顶高度差不大于 2mm。

④塔式起重机安装后，轨道顶面纵横方向上的倾斜度，对于上回转塔式起重机应不大于 3/1000；对于下回转塔式起重机应不大于 5/1000。在轨道全程中，轨道顶面任意两点的高度差应小于 100mm。

⑤轨道行程两端的轨顶高度宜不低于其余部位中最高点的轨顶高度。

⑥轨道上（内）不允许存放物料，建议对整个轨道范围采用围挡封闭以防止未授权人员进入。当有交通工具需要通过轨道时，应采取特别措施以防止发生碰撞和干扰轨道。轨道不应有焊接使用，除非得到冶金专家的许可。

⑦在计算整机稳定性时，不应记入抗风防滑锚定装置的有利作用。轨道应定期（最长不超过 1 个月）检查，有超差、悬空等异常情况时应立即处理。在任何需要时或非工作状态下应及时锁定抗风防滑锚定装置。

（3）结构设施

1）主要结构件的变形、锈蚀应在规范允许范围内。

①塔式起重机主要承载结构由于腐蚀或磨损而使结构的计算应力提高，当超过原计算应力的 15％时应予以报废。对无计算条件的当腐蚀深度达原厚度的 10％时应予以报废。

②塔式起重机主要承载结构件如塔身、起重臂等，失去整体稳定性时应报废。如局部有损坏并可修复的，则修复后不应低于原结构的承载力。

③塔式起重机的构件及焊缝出现裂纹时，应根据受力和裂纹情况采取加强或重新施焊等措施，并在使用中定期观察其发展。对无法消除裂纹影响的应予以报废。

④塔式起重机在安装前和使用过程中，发现有下列情况之一的，严禁安装和使用，具体归纳如下：

a. 结构上有可见裂纹和严重锈蚀的；

b. 主要受力构件存在塑性变形的；

c. 连接件存在严重磨损和塑性变形的；

d. 钢丝绳达到报废标准的；

e. 安全装置不齐全或失效的。

2）平台、走道、梯子、护栏的设置应符合规范要求。

①在操作、维修处应设置平台、走道、踢脚板和栏杆。

②离地面 2m 以上的平台和走道应用金属材料制作，并具有防滑性能。当使用圆孔、栅格或其他不能形成连续平面的材料时，孔或间隙的大小不应使直径为 20mm 的球体通过。在任何情况下，孔或间隙的面积应小于 400mm^2。

③平台和走道宽度不应小于 500mm，局部有妨碍处可以降至 400mm。平台和走道上操作人员可能停留的每一个部位都不应发生永久变形，且能承受以下载荷：

a. 2000N 的力通过直径为 125mm 的圆盘施加在平台表面的任何位置；

b. 4500N/m^2 的均布载荷。

④平台或走道的边缘应设置不小于 100mm 高的踢脚板。在需要操作人员穿越的地方，踢脚板的高度可以降低。

⑤离地面 2m 以上的平台及走道应设置防止操作人员跌落的手扶栏杆。手扶栏杆的高度不应低于 1m，并能承受 1000N 的水平移动集中载荷。在栏杆一半高度处应设置中间手扶横杆。

⑥不宜在与水平面呈 65°～75° 之间设置梯子。除快装式塔式起重机外，当梯子高度超过 10m 时应设置休息小平台。

a. 梯子的第一个休息小平台应设置在不超过 12.5m 的高度处，以后每隔 10m 内设置一个。

b. 当梯子的终端与休息小平台连接时，梯级踏板或踏杆不应超过小平台平面，护圈和扶手应延伸到小平台栏杆的高度。休息小平台平面距下面第一个梯级踏板或踏杆的中心线不应大于 150mm。

c. 如梯子在休息小平台处不中断，则护圈也不应中断。但应在护圈侧面开一个宽为 0.5m、高为 1.4m 的洞口，以便操作人员出入。

3）高强螺栓、销轴等连接件及其防松防脱件应符合规范要求，严禁用其他代用品代替，高强螺栓应使用力矩扳手或专用工具紧固。

①连接件被代用后，会失去固有的连接作用，可能会造成结构松脱、散架，发生安全事故，所以实际使用中严禁连接件代用。高强螺栓只有在扭力达到规定值时才能确保不松脱。

②连接件及其防松脱件严禁用其他代用品代用。连接件及其防松脱件应使用力矩扳手或专用工具紧固连接螺栓。

③起重臂连接销轴的定位结构应能满足频繁拆装条件下安全可靠的要求。

④自升式塔式起重机的小车变幅起重臂，其下弦杆连接销轴不宜采用螺栓固定轴端挡

板的形式。当连接销轴轴端采用焊接挡板时，挡板的厚度和焊缝应有足够的强度，挡板与销轴应有足够的重合面积，以防止销轴在安装和工作中由于锤击力及转动可能产生的不利影响。

⑤采用高强螺栓连接时，其连接表面应清除灰尘、油漆、油迹和锈蚀。应使用力矩扳手或专用扳手，按使用说明书要求拧紧。塔式起重机出厂时应根据用户需要提供力矩扳手或专用扳手。

（4）电气安全

1）塔式起重机应采用 TN-S 接零保护系统供电。

2）塔式起重机与架空线路安全距离和防护应符合现行行业标准《施工现场临时用电安全技术规范》JGJ 46—2005 的规定；

①塔式起重机的金属结构、轨道及所有电器设备的金属外壳、金属线管、安全照明的变压器低压侧等均应可靠接地，接地电阻不大于 4Ω，重复接地电阻不大于 10Ω。接地装置的选择和安装应符合电气安全的有关要求。

②塔式起重机与架空线路的安全距离是指塔式起重机的任何部位与架空线路边线的最小距离，见表 9-8。当安全距离小于表 9-8 的规定时必须按规定采取有效的防护措施。

塔式起重机与架空线路边线的安全距离 表 9-8

安全距离	电压（kV）				
（m）	＜1	1～15	20～40	60～110	220
沿垂直方向	1.5	3.0	4.0	5.0	6.0
沿水平方向	1.0	1.5	2.0	4.0	6.0

3）塔式起重机应安装避雷接地装置，并应符合规范要求。

①做防雷接地机械上的电器设备，所连接的 PE 线必须同时做重复接地，同一台机械上的电器设备的重复接地和机械的防雷接地可共用同一接地体，但接地电阻应符合重复接地电阻值的要求。

②塔式起重机应按规范要求做重复接地和防雷接地。轨道式塔式起重机接地装置的设置应符合下列要求：

a. 轨道两端各设一组接地装置；

b. 轨道的接头处做电气连接，两条轨道端部做环形电气连接；

c. 较长轨道每隔不大于 30m 加一组接地装置。

4）电缆的使用及固定应符合规范要求。

①电线若敷设于金属管中，则金属管应经防腐处理。如用金属线槽或金属软管代替，应有良好的防雨及防腐措施。

②导线的连接及分支处的室外接线盒应防水，导线孔应有护套。

③导线两端应有与原理图一致的永久性标志和供连接用的电线接头。

④固定敷设的电缆弯曲半径不应小于 5 倍电缆外径。除电缆卷筒外，可移动电缆的弯曲半径不应小于 8 倍电缆外径。

9.3.3 注意事项

塔式起重机在安全检查中的注意事项包括：

（1）载荷限制装置

1）注意应安装起重量限制器并应灵敏可靠。

2）注意应安装力矩限制器并应灵敏可靠。

（2）行程限位装置

1）注意应安装起升高度限位器且应灵敏可靠。

2）起升高度限位器的安全越程应符合规范要求。

3）应安装幅度限位器并应灵敏可靠。

4）回转不设集电器的塔式起重机应安装回转限位器并应灵敏可靠。

5）行走式塔式起重机应安装行走限位器且应灵敏可靠。

（3）保护装置

1）注意小车变幅的塔式起重机应安装断绳保护及断轴保护装置。

2）塔式起重机行走及小车变幅的轨道行程末端应安装缓冲器及止挡装置且应符合规范要求。

3）起重臂根部绞点高度大于 50m 的塔式起重机应安装风速仪且应灵敏可靠。

4）塔式起重机顶部高度大于 30m 且高于周围建筑物时应安装障碍指示灯。

（4）吊钩、滑轮、卷筒与钢丝绳

1）注意吊钩应安装钢丝绳防脱钩装置且应符合规范要求。

2）吊钩磨损、变形应在规范允许范围内。

3）滑轮、卷筒应安装钢丝绳防脱装置且应符合规范要求。

4）滑轮及卷筒磨损应在规范允许范围内。

5）钢丝绳磨损、变形、锈蚀应在规范允许范围内。

6）钢丝绳的规格、固定、缠绕应符合产品说明书及规范要求。

（5）多塔作业

1）注意多塔作业应制定专项施工方案且施工方案要经审批。

2）任意两台塔式起重机之间的最小架设距离应符合规范要求。

（6）安拆、验收与使用

1）注意安装、拆除单位应取得专业承包资质和安全生产许可证。

2）应制定专项安装、拆除方案。

3）方案要经审核、审批。

4）应履行验收程序同时验收表要经责任人签字。

5）安装、拆除人员及司机、指挥应持证上岗。

6）塔式起重机作业前应按规定进行检查，填写检查记录。

7）实行多班作业应按规定填写交接班记录。

（7）附着

1）注意塔式起重机高度超过规定应安装附着装置。

2）附着装置水平距离不满足产品说明书要求时应进行设计计算和审批。

3）安装内爬式塔式起重机的建筑承载结构应进行承载力验算。

4）附着装置安装应符合产品说明书及规范要求。

5）附着前和附着后塔身垂直度应符合规范要求。

（8）基础与轨道

1）注意塔式起重机基础要按产品说明书及有关规定设计、检测、验收。

2）基础应设置排水设施。

3）路基箱或枕木铺设应符合产品说明书及规范要求。

4）轨道铺设应符合产品说明书及规范要求。

（9）结构设施

1）注意主要结构件的变形、锈蚀应符合规范要求。

2）平台、走道、梯子、护栏的设置也要符合规范要求。

3）高强螺栓、销轴、紧固件的紧固、连接应符合规范要求。

（10）电气安全

1）注意应采用 TN-S 接零保护系统供电。

2）塔式起重机与架空线路安全距离应符合规范要求，并应采取防护措施。

3）防护措施应符合规范要求。

4）应安装避雷接地装置。

5）避雷接地装置应符合规范要求。

6）电缆使用及固定应符合规范要求。

9.4　起重吊装

9.4.1　检查范围

起重吊装的检查范围包括：

（1）保证项目：施工方案、起重机械、钢丝绳与地锚、索具、作业环境、作业人员。

（2）一般项目：起重吊装、高处作业、构件码放、警戒监护。

9.4.2　检查要点

1. 起重吊装保证项目的检查要点

（1）施工方案

1）起重吊装作业应编制专项施工方案，并按规定进行审核、审批；超过一定规模的起重吊装作业，应组织专家对专项施工方案进行论证。

①起重吊装作业前应结合施工实际，编制专项施工方案，并应给单位技术负责人进行审核。对于超过一定规模的危险性较大的分部分项工程（如采用起重拔杆等非常规起重设备且单件起重量超过 10t 时），施工单位应当组织专家对专项施工方案进行论证。

②起重吊装专项施工方案应当由施工单位技术部门组织本单位施工技术、安全、质量等部门的专业技术人员进行审核。经审核合格后，由施工单位技术负责人签字。实行施工总承包的，专项施工方案应由总承包单位技术负责人及相关专业承包单位技术负责人签字。不需专家论证的专项施工方案，经施工单位审核合格后报监理单位，由项目总监理工程师审核签字。

③超过一定规模的起重吊装工程专项施工方案由施工单位组织专家召开专家论证会，

实行施工总承包的，由施工总承包单位组织召开专家论证会。下列人员应当参加专家论证会：

a. 专家组成员；

b. 建设单位项目负责人或技术负责人；

c. 监理单位项目总监理工程师及相关人员；

d. 施工单位分管安全的负责人、技术负责人、项目负责人、项目技术负责人、专项方案编制人员、项目专职安全生产管理人员；

e. 勘察、设计单位项目技术负责人及相关人员。

④专家组成员应当由5名及以上符合相关专业要求的专家组成。项目参建各方的人员不得以专家身份参加专家论证会。

⑤专家论证的主要内容：

a. 专项施工方案内容是否完整、可行；

b. 专项施工方案计算书和验算依据是否符合有关标准规范的要求；

c. 安全施工的基本条件是否满足现场实际情况。

2）起重吊装专项施工方案编制应当包括以下内容：

①工程概况：危险性较大的分部分项工程概况、施工平面布置、施工要求和技术保证条件。

②编制依据：相关法律、法规、规范性文件、标准、规范及图纸（国标图集）、施工组织设计等。

③施工计划：包括施工进度计划、材料与设备计划。

④施工工艺技术：技术参数、工艺流程、施工方法、检查验收等。

⑤施工安全保证措施：组织保障、技术措施、应急预案、监测监控等。

⑥劳动力计划：专职安全生产管理人员、特种作业人员等。

⑦计算书及相关图纸。

3）危险性较大的分部分项工程范围（起重吊装及安装拆除工程）：

①采用非常规起重设备、方法，且单件起吊重量在10kN及以上的起重吊装工程；

②采用起重机械进行安装的工程；

③起重机械设备自身的安装、拆除。

4）超过一定规模的危险性较大的分部分项工程范围（起重吊装及安装拆除工程）：

①采用非常规起重设备、方法，且单件起吊重量在100kN及以上的起重吊装工程；

②起重量在300kN及以上的起重设备安装工程、高度在200m及以上的内爬起重设备的拆除工程。

5）专项施工方案经论证后，专家组应当提交论证报告，对论证的内容提出明确的意见，并在论证报告上签字。该报告作为专项施工方案修改完善的指导意见。

①施工单位应当根据论证报告修改完善专项施工方案，并经施工单位技术负责人、项目总监理工程师、建设单位项目负责人签字后，方可组织实施。实行施工总承包的，应当由施工总承包单位、相关专业承包单位技术负责人签字。

②专项施工方案经论证后需做重大修改的，施工单位应当按照论证报告修改，并重新组织专家进行论证。

③施工单位应当严格按照专项施工方案组织施工，不得擅自修改、调整专项施工方案。

如因设计、结构、外部环境等因素发生变化确需修改的，修改后的专项施工方案应当按住房和城乡建设部《危险性较大的分部分项工程安全管理办法》重新审核。对于超过一定规模的危险性较大的分部分项工程的专项施工方案，施工单位应当重新组织专家进行论证。

6）交底与验收

①交底：起重吊装作业前，项目技术负责人或方案编制人应当根据起重吊装专项施工方案和有关规范、标准的要求，对现场管理人员、操作班组、作业人员进行安全技术交底以及对施工详图进行说明，并做好书面交底签字手续。安全技术交底的内容应包括起重吊装施工工艺、工序、作业要点和安全技术要求等内容，并保留记录。

②验收：起重吊装作业前，应由项目技术负责人组织对起重设备、需要处理或加固的设备地基基础、作业人员、施工环境等进行验收，留存记录，并签发吊装令。

（2）起重机械

1）起重机械应安装荷载限制器及行程限位装置；荷载限制器、行程限位装置应灵敏可靠。

①荷载限制器：当荷载达到额定起重量的 95％时，限制器应发出警报；当荷载达到额定起重量的 100％～110％时，限制器应切断起升动力主电路。

②行程限位装置：当吊钩、起重小车、起重臂等运行至限定位置时，触发限位开关制停。安全行程应符合现行国家标准《起重机械安全规程　第 1 部分：总则》GB 6067.1—2010 的规定。

2）起重拔杆组装应符合设计要求；起重拔杆组装后应进行验收，并应由负责人签字确认。

起重拔杆按设计要求组装后，应按程序及设计要求进行验收，验收合格应有文字记录，并有责任人签字确认。

3）起重机械凡有下列情况之一者，禁止使用：

①钢丝绳达到报废标准；

②吊钩、滑轮、卷筒达到报废标准；

③制动器的制动力矩刹不住额定载荷；

④限位开关失灵；

⑤主要受力件有裂纹、开焊；

⑥主梁弹性变形或永久变形超过修理界限；

⑦车轮裂纹、掉片、严重啃轨或"三条腿"；

⑧电气接零保护挂靠失去作用或绝缘达不到规定值；

⑨电动机温升超过规定值，转子、电阻一相开路；

⑩车上有人（检查、修理指定专人指挥时除外）；

⑪露天起重吊装风力达 6 级以上；

⑫新安装、改装、大修后未经检验合格；

⑬轨道行车梁松动、断裂、物件破碎、终点车挡失灵。

4）有下列情况之一的建筑起重机械，不得出租、使用：

①属国家明令淘汰或者禁止使用的；

②超过安全技术标准或者制造厂家规定的使用年限；

③经检验达不到安全技术标准规定的；

④没有完整安全技术档案的。

（3）钢丝绳与地锚

1）钢丝绳磨损、断丝、变形、锈蚀应在正常使用范围内；钢丝绳规格应符合起重机产品说明书要求（不能满足安全使用时应予以报废，以免发生危险）。

①钢丝绳的断丝达到表 9-9 所列断丝数时应报废。

钢丝绳的报废标准　　　　　　　　　　表 9-9

钢丝绳结构形式	钢丝绳检查长度范围	断丝根数		
		6×19+1	6×37+1	6×61+1
交捻	6d	10	19	29
	30d	19	38	58
顺捻	6d	5	10	15
	30d	10	19	30

②钢丝绳直径的磨损和腐蚀大于钢丝绳直径的 7%，或外层钢丝磨损达钢丝的 40% 时应报废。若在 40% 以内时应按表 9-10 予以折减。

折减系数表　　　　　　　　　　表 9-10

钢丝表面磨损量或锈蚀量（%）	10	15	20	25	30～40	>40
折减系数	0.85	0.75	0.70	0.65	0.50	0

③使用中断丝数逐渐增加，其时间间隔越来越短。

④钢丝绳的弹性减小，失去正常状态，产生下述变形时应报废：

a. 波浪形变形；

b. 笼形变形；

c. 绳股挤出；

d. 绳径局部增大严重；

e. 绳径局部减少严重；

f. 已被压扁；

g. 严重扭伤；

h. 明显的不易弯曲。

⑤钢丝绳应按起重方式确认安全系数，人力驱动时，安全系数 $K=4.5$；机械驱动时，安全系数 $K=5\sim6$。

2）吊钩、卷筒、滑轮磨损应在规范允许范围内；吊钩、卷筒、滑轮应安装钢丝绳防脱装置。

①拔杆滑轮及地面导向滑轮的选用，应与钢丝绳的直径相适应，其直径比值不应小于 15，各组滑轮必须用钢丝绳牢靠固定，滑轮出现翼缘破损等缺陷时应及时更换。

②滑轮槽应光洁平滑，不得有损伤钢丝绳的缺陷。滑轮应有防止钢丝绳跳出轮槽的装

置。金属铸造的滑轮，出现下述情况之一时，应报废：

　　a. 裂纹；

　　b. 轮槽不均匀磨损达 3mm；

　　c. 轮槽壁厚磨损达原壁厚的 20%；

　　d. 因磨损使轮槽底部直径减少量达钢丝绳直径的 50%；

　　e. 其他损害钢丝绳的缺陷。

　　3）起重拔杆的缆风绳、地锚设置应符合设计要求。

　　①缆风绳应使用钢丝绳，其安全系数 $K＝3.5$，规格应符合施工方案要求，缆风绳应与地锚牢固连接。

　　②地锚的埋设做法应经计算确定，地锚的位置及埋深应符合施工方案要求和拔杆作业时的实际角度。当移动拔杆时，也必须使用经过设计计算的正式地锚，不准随意拴在电杆、树木和构件上。地锚一般用钢丝绳、钢管、钢筋混凝土预制件、圆木等作埋件埋入地下制成。并做好隐蔽验收记录，使用时不准超载。

　　③地锚埋设应符合设计要求。设计时应考虑地锚的埋设应与现场的土质和地锚受力情况相适应；地锚坑在引出线露出地面位置，其前面及两侧 2m 范围内不应有沟洞、地下管道、地下电缆线等；地锚引出线露出地面的位置和地下部分，应作防腐处理；地锚的埋设应平整、不积水。

　　④地锚坑宜挖成直角梯形状，坡度与垂线的夹角以 15° 为宜；缆风绳与水平面的夹角应在 30°～45° 之间；地锚不允许沿埋件顺向设置。

　　（4）索具

　　1）当采用编结连接时，编结长度不应小于钢丝绳直径的 15 倍，且不应小于 300mm。

　　2）当采用绳夹连接时，绳夹规格应与钢丝绳相匹配，绳夹数量、间距应符合规范要求。

　　3）索具安全系数应符合规范要求。

　　4）吊索规格应互相匹配，机械性能应符合设计要求。

　　5）索具采用编结或绳夹连接时，连接紧固方式应符合现行国家标准《起重机械安全规程　第 1 部分：总则》GB 6067.1—2010 的规定。

　　6）钢丝绳端部的固定和连接应符合如下要求：

　　①用绳夹连接时，应满足表 9-11 的要求，同时应保证连接强度不小于钢丝绳最小破断拉力的 85%。

　　②用编结连接时，编结长度不应小于钢丝绳直径的 15 倍，且不应小于 300mm。连接强度不应小于钢丝绳最小破断拉力的 75%。

钢丝绳端部用绳夹连接时的安全要求　　　　　　　　　　　　　　　　表 9-11

钢丝绳公称直径 （mm）	≤19	19～32	32～38	38～44	44～60
绳夹最少数量 （组）	3	4	5	6	7

　　注：绳夹夹座在受力绳头一边，每两个绳夹的间距不应小于钢丝绳直径的 6 倍。

③用楔块、楔套连接时，楔套应用钢材制造。连接强度不得小于钢丝绳破断拉力的 75%。

④用锥形套浇铸法连接时，连接强度应达到钢丝绳的破断拉力。

⑤用铝合金套压缩法连接时，应用可靠的工艺方法使铝合金套与钢丝绳紧密牢固地贴合，连接强度应达到钢丝绳的破断拉力。

（5）作业环境

1）起重机作业处地面承载力应符合产品说明书的要求，当现场地面承载力不满足规定时，可采用铺设路基箱等方式提高地面承载力。起重机与架空线路的安全距离应符合国家现行标准《起重机械安全规程　第 1 部分：总则》GB 6067.1—2010 的规定。

2）起重机械竖立或支撑条件：指派人员应负责确保地面或支撑设施能使起重机械在制造商规定的工作级别和参数下工作。

3）架空电线和电缆：起重机靠近架空电缆作业时，指派人员、操作者和其他现场工作人员应注意以下几点：

①在不熟悉的地区工作时，检查是否有架空线路；

②确认所有架空电缆线路是否带电；

③在可能与带电动力线接触的场合，工作开始之前，应首先考虑当地电力主管部门的意见。起重机与输电线路的最小距离应符合表 9-12 的规定。

起重机与输电线路的最小距离　　　　　　表 9-12

输电线路电压 （kV）	<1	1~20	35~110	154	220	330
最小距离 （m）	1.5	2	4	5	6	7

4）当起重机械进入到架空电线和电缆的预定距离之内时，安装在起重机械上的防触电安全装置可发出有效的警报。但不能因为配有这种装置而忽视起重机的安全工作制度。

5）遵从起重吊装"十不吊"规定：

①起重臂和吊起的重物下面有人停留或行走不准吊。

②起重指挥应由技术培训合格的专职人员担任，无指挥或信号不清不准吊。

③钢筋、型钢、管材等细长和多根物件必须捆扎牢靠，多点起吊。单头"千斤"或捆扎不牢靠不准吊。

④多孔板、积灰斗、手推翻斗车不用四点吊或大模板外挂板不用卸甲不准吊。预制钢筋混凝土楼板不准双拼吊。

⑤吊砌块必须使用安全可靠的砌块夹具，吊砖必须使用砖笼，并堆放整齐。木砖、预埋件等零星物件要用盛器堆放稳妥，叠放不齐不准吊。

⑥楼板、大梁等吊物上站人不准吊。

⑦埋入地面的板桩、井点管等，以及粘连、附着的物件不准吊。

⑧多机作业，应保证所吊重物距离不小于 3m，在同一轨道上多机作业，无安全措施不准吊。

⑨6 级以上强风区不准吊。

⑩斜拉重物或超过机械允许荷载不准吊。

（6）作业人员

1）起重机司机应持证上岗，操作证应与操作机型相符。

起重吊装单位的主要负责人、专职安全管理人员取得三类人员证书，起重指挥、起重挂钩、驾驶员、电工、焊接等作业人员持建筑施工特种作业操作证上岗。

2）作业前应按规定对所有作业人员进行安全技术交底，并应有交底记录。

3）起重机作业应设专职信号指挥和司索人员，一人不得同时兼顾信号指挥和司索作业。

4）起重机司机职责：司机应遵照制造商说明书和安全工作制度负责起重机的安全操作。除接到停止信号之外，在任何时候都只应服从吊装工或指挥人员发出的可明显识别的信号。

5）司机应具备以下条件：

①具备相应的文化程度；

②年满 18 周岁；

③在视力、听力和反应能力方面能胜任该项工作；

④具有安全操作起重机的体力；

⑤具有判断距离、高度和净空的能力；

⑥在所操作的起重机械上受过专业培训，并有起重机及其安全装置方面的丰富知识；

⑦经过起重作业指挥信号的培训，理解起重作业指挥信号，听从吊装工或指挥人员的指挥；

⑧熟悉起重机械上的灭火设备并经过使用培训；

⑨熟知在各种紧急情况下处置及逃逸手段；

⑩具有操作起重机械的资质，出于培训目的在专业技术人员指挥监督下的操作除外。（注：适合操作起重机械的健康证年限不得超过 5 年）

6）指挥人员职责：指挥人员应负有将信号从吊装工传递给司机的责任。指挥人员可以代替吊装工指挥起重机械和载荷的移动，但在任何时候只能由一人负责。在起重机械工作中，如果把指挥起重机械安全运行和载荷搬运的工作职责移交给其他有关人员，指挥人员应向司机说明情况。而且，司机和被移交者应明确其应负的责任。

2. 起重吊装一般项目的检查要点

（1）起重吊装

1）当多台起重机同时起吊一个构件时，单台起重机所承受的荷载应符合专项施工方案要求。

①在多台起重机械联合起升操作中，由于起重机械之间的相互运动可能产生作用于起重机械、物品和索具上的附加载荷，而这些附加载荷的监控是困难的。因此，只有在物品的尺寸、性能、质量或物品所需要的运动由单台起重机械无法操作时才使用多台起重机械操作。

②多台起重机械的操作应制定联合起升作业计划，还应包括仔细估算每台起重机械按

比例所搬运的载荷。基本要求是确保起升钢丝绳保持垂直状态。多台起重机所受的合力不应超过各起重机单独起升操作时的额定荷载。

③应任命一名现场管理人员来负责全面管理多台起重机的联合起升操作，只有该管理人员才能发出作业指令。在突发事件中，观察到可能导致危险的人可以给出常用停止信号的情况除外。

④如果从一个位置无法观察到全部所需的观测点，安排在其他地点的观察人员应把有关情况及时向管理人员报告。

2）吊索系挂点应符合专项施工方案要求：

①起升绳索或链条不能缠绕在重物上；

②重物要通过吊索或其他有足够容量的装置挂在吊钩上；

③链条不能用螺栓或钢丝绳进行连接，当使用 U 形环时，必须装上适配的销子；

④吊索或链条不应沿着地面或地板拖曳。

3）重物吊运前应通过各种方式确认起吊重物的重量。同时，为了保证起吊的稳定性，应通过各种方式确认起吊重物的重心，确立重心后，应调整起升装置，选择合适的吊挂位置，保证重物起升时均匀平衡，没有倾覆的趋势。

4）起吊重物的重量应符合下列要求：

①起重机不得起吊超过额定载荷的重物。

②当不知道重物的精确重量时，责任人要确保吊起的重物不超过额定载荷。

5）起重机作业时，任何人不应停留在起重臂下方，被吊物不应从人的正上方通过。

6）起重机不应采用吊具载运人员；当吊运易散落物件时，应使用专用吊笼。

（2）高处作业

1）高处作业必须按规定设置作业平台，作业平台防护栏杆不应少于 2 道，其高度和强度应符合规范要求。攀登用爬梯的构造、强度应符合规范要求。安全带应悬挂在牢固的结构或专用固定构件上，并应高挂低用。

2）在操作维修处应设置平台、走道、踢脚板和栏杆。

3）离地面 2m 以上的平台和走道应用金属材料制作，并具有防滑性能。当使用圆孔、栅格或其他不能形成连续平面的材料时，孔或间隙的大小不应使直径为 20mm 的球体通过。在任何情况下，孔或间隙的面积应小于 400mm²。

4）平台和走道宽度不应小于 500mm，局部有妨碍处可以降至 400mm。平台和走道上操作人员可能停留的每一个部位都不应发生永久变形，且能承受以下载荷：

①2000N 的力通过直径为 125mm 的圆盘施加在平台表面的任何位置；

② 450N/m² 的均布载荷。

5）平台或走道的边缘应设置不小于 100mm 高的踢脚板。在需要操作人员穿越的地方，踢脚板的高度可以降低。

6）离地面 2m 以上的平台及走道应设置防止操作人员跌落的手扶栏杆。手扶栏杆的高度不应低于 1m，并能承受 100N 的水平移动集中载荷。在栏杆一半高度处应设置中间手扶横杆。

7）除快装式塔式起重机外，当梯子高度超过 10m 时应设置休息小平台。

8）梯子的第一个休息小平台应设置在不超过 12.5m 的高度处，以后每隔 10m 内设置一个。

9）当梯子的终端与休息小平台连接时，梯级踏板或踏杆不应超过小平台平面，护圈和扶手应延伸到小平台栏杆的高度。休息小平台平面距下面第一个梯级踏板或踏杆的中心线不应大于150mm。

10）如梯子在休息小平台处不中断，则护圈也不应中断。但应在护圈侧面开一个宽为0.5m、高为1.4m的洞口，以便操作人员出入。

（3）构件码放

1）构件码放荷载应在作业面承载能力允许范围内；构件码放高度应在规范允许范围内；大型构件码放应有保证稳定的措施。

2）检查时构件的堆放主要应符合以下几点：

①构件的堆放场地应平整，周围必须设排水沟。

②构件应根据制作、吊装平面规划位置，按类型、编号、吊装顺序、方向依次配套堆放，避免二次倒运。

③构件应按设计支撑位置堆放平稳，底部应设置垫木。对不规则的柱、梁、板应专门分析确定支撑和加垫方法。

④屋架、薄腹梁等重心较高的构件，应直立放置，除设支承垫木外，应于其两侧设置支撑使其稳定，支撑不得少于2道。

⑤重叠堆放的构件应采用垫木隔开，上、下垫木应在同一垂线上，其堆放高度应遵守以下规定：柱不宜超过2层；梁不宜超过3层；大型屋面板不宜超过6层；圆孔板不宜超过8层。堆垛间应留2m宽的通道；楼梯边口、通道口、脚手架边缘等处不得堆放任何物件。

⑥装配式大板应采用插放法或背靠法堆放，堆放架应经设计计算确定，并确保地面抗倾覆要求。重心较高的构件（如屋檐、大梁等），除在底部设垫木外，还应在两侧加设支撑或将几榀大梁用方木铁丝连成一体，提高其稳定性，侧向支撑沿梁长度方向不得少于3道。大型物件堆放的场地应坚实，能承受物件的重量而不下沉、垮塌，大型物件堆放应平稳，并采取支撑、捆绑等稳定措施。

（4）警戒监护

应按规定设置作业警戒区；警戒区应设专人监护。

1）检查起重吊装有无警戒标志：起重吊装作业前，应根据施工组织设计要求划定危险作业区域，设置醒目的警示标志，如"起升物品下方严禁站人"、"臂架下方严禁停留"、"作业半径内注意安全"、"未经许可不得入内"等。在起重机的危险部位，应有安全标志和危险图形符号，安全标志和危险图形符号应符合《起重机安全标志和危险图形符号　总则》GB 15052—2010的规定。安全标志的颜色，应符合《安全色》GB 2893—2008的规定。

2）检查起重吊装作业是否未设专人警戒：除设置标志外，还应视现场作业环境，专门设置监护人员，防止高处作业或交叉作业时造成的落物伤人事故。

9.4.3　注意事项

起重吊装在安全检查中的注意事项包括：

（1）施工方案

1）注意应编制专项施工方案且专项施工方案要经审核、审批。

2）注意超过一定规模的起重吊装专项施工方案要按规定组织专家论证。

（2）起重机械

1）注意应安装荷载限制装置且应灵敏可靠。

2）应安装行程限位装置且应灵敏可靠。

3）起重拔杆组装应符合设计要求。

4）起重拔杆组装后要履行验收程序同时验收表需经责任人签字。

（3）钢丝绳与地锚

1）注意钢丝绳磨损、断丝、变形、锈蚀应在规范允许范围内。

2）钢丝绳规格应符合起重机产品说明书要求。

3）吊钩、卷筒、滑轮磨损应在规范允许范围内。

4）吊钩、卷筒、滑轮应安装钢丝绳防脱装置。

5）起重拔杆的缆风绳、地锚设置应符合设计要求。

（4）索具

1）注意索具采用编结连接时，编结部分的长度应符合规范要求。

2）索具采用绳夹连接时，绳夹的规格、数量及绳夹间距应符合规范要求。

3）索具安全系数应符合规范要求。

4）吊索规格应相互匹配，机械性能应符合设计要求。

（5）作业环境

1）起重机行走作业地面承载力应符合产品说明书要求且应采用有效加固措施。

2）起重机与架空线路安全距离应符合规范要求。

（6）作业人员

1）注意起重机司机应持证上岗，操作证应与操作机型相符。

2）应设置专职信号指挥和司索人员。

3）作业前应按规定进行安全技术交底且交底要形成文字记录。

（7）起重吊装

1）注意多台起重机同时起吊一个构件时，单台起重机所承受的荷载应符合专项施工方案要求。

2）吊索系挂点应符合专项施工方案要求。

3）起重机作业时起重臂下不应有人停留且吊运重物不应从人的正上方通过。

4）起重机不应采用吊具载运人员。

5）吊运易散落物件应使用专用吊笼。

（8）高处作业

1）注意应按规定设置高处作业平台。

2）高处作业平台设置应符合规范要求。

3）应按规定设置爬梯且爬梯的强度、构造应符合规范要求。

4）应按规定设置安全带悬挂点。

（9）构件码放

1）注意构件码放荷载不允许超过作业面承载能力。

2）构件码放高度应在规定范围内。

3）大型构件堆放应有保证稳定的措施。

（10）警戒监护

1）注意应按规定设置作业警戒区。

2）警戒区应设专人监护。

第10章 施 工 机 具

10.1 检查范围

检查评定项目包括：平刨、圆盘锯、手持电动工具、钢筋机械、电焊机、搅拌机、气瓶、翻斗车、潜水泵、振捣器具、桩工机械。

10.2 检查要点

施工机具评定项目的检查要点包括：

（1）平刨

1）检查现场平刨有无验收合格手续：平刨安装完毕应按规定履行验收程序，并应经责任人签字确认。

①设备应有合格证，进场后应经有关部门验收合格并有记录。平刨安装完毕后要检查刀片、刀架和夹板、紧固片和螺钉、电器装置、护手和防护罩等安全装置是否齐全，转动部位是否灵活等，并试机运转。按规定验收合格后，填写合格验收记录表格，并应经责任人签字确认。平刨应由专人负责管理，除专业木工外，其他工种人员不得使用。

②检查时，"平刨安装安全验收记录"的具体内容参见表10-1。

平刨安装安全验收记录（示例） 表10-1

施工现场名称					项目经理	
机具（设备）名称、型号		平刨	台数	1	验收日期	
设备编号		参加验收人员				
序号	安装安全标准				验收记录	
1	作业场地采用混凝土硬化，有排水措施，不积水				混凝土硬化，排水畅通，不积水	
2	严禁使用平刨和圆盘锯合用一台电机的多功能木工机具				没有使用	
3	防护棚搭设符合防砸、防雨、防噪声（围挡严密）的要求，有安全操作规程				符合要求，有安全操作规程	
4	传动部位防护罩齐全、有效，设专人负责管理				齐全、有效，专人管理	
5	有护手安全装置，警示标志齐全				符合规定	
6	开关箱与设备距离≤3m，箱内电气（漏电保护）设置、配电线路绝缘电阻符合规定				符合规定	
7	开关箱及设备必须做保护接零，且保护接零设置可靠、符合规定				保护接零设置可靠、符合规定	
8	灭火器配置齐全，规格与类型符合规定				符合规定	
9	专机专人，无人操作时及时切断电源，开关箱关门上锁				采用了归口责任管理办法	

续表

序号	安装安全标准	验收记录
10	设备安装坚实、稳固,自带配电线路、电器等绝缘电阻符合要求	符合要求
11	设备为租赁时,合同中应约定各自的安全生产管理职责	已经进行了约定
验收结论	经检查,平刨安装符合《建筑施工安全检查标准》JGJ 59—2011 及有关安全技术规范、要求的规定,安装验收合格,同意使用 验收人员签字:	

2)平刨应设置护手及防护罩等安全装置。

①平刨应设置护手安全装置,能达到作业人员刨料发生意外情况时,不会造成手部被刨刃伤害的事故;传动部位防护罩等安全装置齐全,防止物料带入,保障作业人员安全。

②木工刨料,双手操作,操作不当,易伤手指,甚至手掌。手应按在料的上面,手指必须离开刨口 50mm 以上。严禁用手在木料后端送料跨越刨口进行刨削。被刨木料厚度小于 30mm,长于 400mm 时,应用压板或压棍推进。厚度 15mm 以下,长度 250mm 以下的木料,不得在平刨上加工。被刨木料如有破裂或硬节等缺陷时,必须处理后再刨。刨旧料前,必须将料上钉子、杂物清除干净。遇木槎、节疤要缓慢送料。严禁将手按在节疤上送料。机械运转时,不得将手伸进安全挡板里侧去移动挡板或拆除安全挡板进行刨削。严禁戴手套操作。

③明露的机械传动部位应有牢固、适用的防护罩,防止物料带入,保障作业人员的安全。传动部位的皮带上应设防护罩,避免木片或其他物件掉落,影响传动而造成工伤事故。护手和防护罩均是安全防护装置,作业前,检查安全防护装置是否齐全有效,无安全防护装置时禁止使用。

3)保护零线应单独设置,并应安装漏电保护装置。

①开关箱必须装设隔离开关、断路器或熔断器,漏电保护器的额定漏电动作电流不应大于 30mA,额定漏电动作时间不应大于 0.1s。

②使用于潮湿或有腐蚀介质场所的漏电保护器应采用防溅型产品,其额定漏电动作电流不应大于 15mA,额定漏电动作时间不应大于 0.1s。

③平刨应做保护接零。保护接零或接零保护是指电气设备正常情况下不带电的金属外壳和机械设备金属构架与保护零线连接,保护零线应单独设置。对产生振动的设备其保护零线的连接点不少于 2 处,并应在设备负荷线的首端处安装漏电保护装置;做好保护接零的同时,还要加装漏电保护器;在加装漏电保护器时,不得拆除原有的保护接零(接地)措施。施工现场所用电器设备,除做保护接零外必须在设备负荷线的首端处安装漏电保护器。漏电保护器必须按产品说明书安装。无人操作时应切断电源。

4)平刨应按规定设置作业棚,并应具有防雨、防晒等功能。

平刨应按规定设置密闭式操作间,并应具有防雨、防晒等功能;同时还要有隔声功能。

5)检查现场是否使用了平刨和圆盘锯合用一台电机的多功能木工机具。

①施工现场严禁使用多功能平刨（即平刨、电锯、打眼三种功能合置在一台机械上，开机后同时转动）。该要求符合《建设工程安全生产管理条例》第四十五条："国家对严重危及施工安全的工艺、设备、材料实行淘汰制度"的规定。

②不得使用多功能平刨，不得使用同台电机驱动多种刀具、钻具的多功能木工机具，是由于该机具运转时，多种刀具、钻具同时旋转，极易造成人身伤害事故。

（2）圆盘锯

1）检查现场电锯有无验收合格手续：圆盘锯安装完毕应按规定履行验收程序，并应经责任人签字确认。

圆盘锯应经有关部门组织进行检查验收，并记录存在的问题及改正后的结果，确认合格后才准使用。电锯安装后，应检查锯片质量、安全防护装置和电气装置是否齐全有效，并试机运转，经有关人员验收合格后在验收单上签字齐全才准使用。电锯应由专人负责管理，除专业木工外，其他工种人员不得使用。"圆盘锯安装安全验收记录"的具体要点，参见表 10-2。

圆盘锯安装安全验收记录（示例） 表 10-2

施工现场名称			项目经理		
机具（设备）名称、型号		圆盘锯	台数	1	验收日期
设备编号		参加验收人员			
序号	安装安全标准			验收记录	
1	作业场地采用混凝土硬化，有排水措施，不积水			混凝土硬化，排水畅通，不积水	
2	锯盘护罩、分料器、防护挡板及传动部位防护罩齐全、有效，警示标志齐全			齐全、有效	
3	防护棚搭设符合防砸、防雨、防噪声（围挡严密）的要求，有安全操作规程			符合要求，有安全操作规程	
4	设专人负责管理，能及时清理锯木等杂物			专人管理，清理及时	
5	灭火器配置齐全，规格与类型符合规定，安全标志齐全			符合规定	
6	开关箱与设备距离≤3m，箱内电气（漏电保护）设置、配电线路绝缘电阻符合规定			符合规定	
7	开关箱及设备必须做保护接零，且保护接零设置可靠、符合规定			保护接零设置可靠、符合规定	
8	专机专人，无人操作时及时切断电源，开关箱关门上锁			采用了归口责任管理办法	
9	设备安装坚实、稳固，自带配电线路、电器等绝缘电阻符合要求			符合要求	
10	设备为租赁时，合同中应约定各自的安全生产管理职责			已经进行了约定	
验收结论	经检查，圆盘锯安装符合《建筑施工安全检查标准》JGJ 59—2011 及有关安全技术规范、要求的规定，安装验收合格，同意使用 验收人员签字：				

2）圆盘锯应设置防护罩、分料器、防护挡板等安全装置：圆盘锯上方应设置防护罩，前方安装分料器，后方设置防止木料倒退的装置，明露的机械传动部位应有防护挡板等安

全装置。

①检查时圆盘锯的安全装置应包括：

a. 圆盘锯的上方安装防护罩，防止锯片发生问题时造成伤人事故。

b. 圆盘锯的前方安装分料器（劈刀），木料经圆盘锯锯开后向前继续推进时，由分料器将木料分离一定缝隙，不致造成木料夹锯现象保证锯料顺利进行。

c. 圆盘锯的后方应设置防止木料倒退的装置。当木料中遇有铁钉、硬节等情况时，往往不能继续前进突然倒退打伤作业人员。为防止此类事故发生，应在圆盘锯后方、作业人员前方，设置挡网或棘爪等防倒退装置。挡网可以从网眼中看到被锯木料的墨线不影响作业，又可将突然倒退的木料挡住；棘爪的作用是在木料突然倒退时，棘爪插入木料中止住木料倒退伤人。

②锯盘护罩、分料器、防护挡板均是圆盘锯的安全装置，包括传动部位防护罩，均应设置。锯片上方必须安装保险挡板和滴水装置，在锯片后面，离齿 10～15mm 处，必须安装弧形楔刀。锯片的安装，应保持与轴同心。锯片锯齿必须尖锐，不得连续缺齿两个，裂纹长度不得超过 20mm，裂缝末端应冲止裂孔。被锯木料厚度，以锯片露出木料 10～20mm 为限，夹持锯片的法兰盘的直径应为锯片直径的 1/4。启动后，待转速正常后再锯料。送料时不得将木料左右晃动或抬高，遇木节要缓缓送料。锯料长度应不小于 500mm，接近端头时应用推棍送料。如锯线走偏，应逐渐纠正，不得猛扳，以免损坏锯片。操作人员不得站在和面对锯片旋转的离心力方向操作，手不得跨越锯片。锯片温度过高时，应用水冷却，直径 600mm 以上的锯片，在操作中应喷水冷却。

3）保护零线应单独设置，并应安装漏电保护装置。

①设备外壳应做保护接零（接地），开关箱中漏电保护器的额定漏电动作电流不应大于 30mA，额定漏电动作时间不应大于 0.1s。使用于潮湿或有腐蚀介质场所的漏电保护器应采用防溅型产品，其额定漏电动作电流不应大于 15mA，额定漏电动作时间不应大于 0.1s。

②对产生振动的设备其保护零线的连接点不少于 2 处；并应在设备负荷线的首端处安装漏电保护器；无人操作时应切断电源。

4）圆盘锯应按规定设置作业棚，并应具有防雨、防晒等功能；同时还要有隔声功能。

5）不得使用同台电机驱动多种刃具、钻具的多功能木工机具。

严禁使用多功能圆盘锯，不得使用同台电机驱动多种刃具、钻具的多功能木工机具。

（3）手持电动工具

1）Ⅰ类手持电动工具应单独设置保护零线，并应安装漏电保护装置。

购买的手持电动工具应有合格证，Ⅰ类手持电动工具应单独设置保护零线，并应安装漏电保护装置，漏电保护装置的参数为 30mA×0.1s。在露天潮湿场所或金属构架上操作时，严禁使用Ⅰ类手持电动工具。使用Ⅱ类手持电动工具时，漏电保护装置的参数为 15mA×0.1s。

2）使用Ⅰ类手持电动工具应按规定穿戴绝缘手套、绝缘鞋或站在绝缘垫板上。

①使用手持式电动工具时，必须按规定穿戴绝缘防护用品。绝缘防护用品的质量应符合国家有关强制性标准的规定。

②"手持电动工具使用安全验收记录"应包括表 10-3 所示内容。

手持电动工具使用安全验收记录（示例） 表 10-3

施工现场名称			项目经理		
机具（设备）名称、型号	手持电动工具		台数	1	验收日期
设备编号	参加验收人员				
序号	安装安全标准			验收记录	
1	使用前必须进行外观检查，确认无损坏、转动部分无卡阻时方可使用			专人负责检查发放，有记录	
2	必须进行绝缘电阻测试，确认合格后方可正式安装、使用			已进行了绝缘电阻测试，有记录	
3	安装试运转过程必须设专人进行监控			明确专人进行监控，有监控记录	
4	传动部位防护罩齐全、有效			齐全、有效	
5	电源线采用 YHS 防水橡胶电缆，不得随意接长电源线，不得承受外力			符合规定	
6	电源线的敷设必须符合规范规定，使用工具时必须按规定穿戴绝缘防护用品			符合规定	
7	开关箱与设备距离≤3m，箱内电气（漏电保护）设置、配电线路绝缘电阻符合规定			符合规定	
8	开关箱及设备必须做保护接零，且保护接零设置可靠、符合规定			保护接零设置可靠、符合规定	
9	工具（类别）的选用与使用必须与其工作环境要求相适应			符合规范与相应工作环境要求	
验收结论	经检查，手持电动工具使用符合《建筑施工安全检查标准》JGJ 59—2011 及有关安全技术规范、要求的规定，安装验收合格，同意使用 验收人员签字：				

3）手持电动工具的电源线应保持出厂时的状态，不得接长使用：手持电动工具的电源线应保持出厂时的状态，手持电动工具自带软电缆或软线不得任意接长和拆除，插头不得任意拆除更换；当不能满足作业距离要求时，应采用移动式开关箱解决，避免接长电缆带来的事故隐患。

（4）钢筋机械

1）钢筋机械安装完毕应按规定履行验收程序，并应经责任人签字确认。

①钢筋机械有切断机、弯曲机、除锈机、调直机、冷拉机、冷拔丝机、攻丝机等，设备应有合格证，进场后应经有关部门验收合格并有记录。钢筋机械安装完毕后，按规定履行验收程序，验收合格后应经责任人签字确认。

②"钢筋机械安装安全验收记录"的具体内容，参见表 10-4。

		钢筋机械安装安全验收记录（示例）				表 10-4

施工现场名称				项目经理		
机具（设备）名称、型号		钢筋机械×××	台数	1	验收日期	
设备编号		参加验收人员				

序号	安装安全标准	验收记录
1	作业场地采用混凝土硬化，有排水措施，不积水	混凝土硬化，排水畅通，不积水
2	冷拉作业区应设防护隔离措施，警示标志齐全	有防护隔离措施，警示标志齐全
3	防护棚搭设符合防砸、防雨、防噪声（围挡严密）的要求，有安全操作规程	符合要求，有安全操作规程
4	传动部位防护罩齐全、有效，设专人负责管理	齐全、有效，专人管理
5	冷拉钢丝绳的规格、质量、缠绕圈数及端部固定符合规定，钢丝绳润滑良好	符合规定
6	冷拉机机后地锚与机前防护桩、防护挡板设置符合规定，冷拉作业信号明确	符合规定
7	开关箱与设备距离≤3m，箱内电气（漏电保护）设置、配电线路绝缘电阻符合规定	符合规定
8	开关箱及设备必须做保护接零，且保护接零设置可靠、符合规定	保护接零设置可靠、符合规定
9	灭火器配置齐全，规格与类型符合规定	符合规定
10	专机专人，无人操作时及时切断电源，开关箱关门上锁	采用了归口责任管理办法
11	设备安装坚实、稳固，自带配电线路、电器等绝缘电阻符合要求	符合要求
12	设备为租赁时，合同中应约定各自的安全生产管理职责	已经进行了约定
验收结论	经检查，钢筋机械安装符合《建筑施工安全检查标准》JGJ 59—2011 及有关安全技术规范、要求的规定，安装验收合格，同意使用 验收人员签字：	

2）保护零线应单独设置，并应安装漏电保护器，具体的安全防护应符合以下几点：

①安全防护装置及限位应齐全、灵敏可靠，防护罩、板安装应牢固，不应破损；

②接地（接零）应符合用电规定，接地电阻不应大于 4Ω；

③漏电保护器参数应匹配，安装应正确，动作应灵敏可靠；电器保护（短路、过载、失压）应齐全有效；

④设备外壳应做保护接零（接地），开关箱中漏电保护器的额定漏电动作电流不应大于 30mA，额定漏电动作时间不应大于 0.1s。

3）钢筋加工区应搭设作业棚，并应具有防雨、防晒等功能；对焊机作业应设置防火花飞溅的隔离设施。

焊接设备上的电机、电器、空压机等应有完整的防护外壳，一、二次接线柱处应有保护罩。现场使用的电焊机应有防雨、防潮、防晒的机棚，并备有消防用品。焊接时，焊接和配合人员必须采取防止触电、高空坠落、瓦斯中毒和火灾等事故安全措施。严禁在运行中的压力管道、装有易燃易爆物品的容器和受力构件上进行焊接。进行高空焊接时，必须挂好安全带，焊接周围和下方应采取防火措施并有专人监控。电焊线通过道路时，必须架高或穿入保护管内埋在地下。雨天不得露天电焊，在潮湿地带作业时，操作人员应站在铺有绝缘物品的地方并穿好绝缘鞋。施焊现场的 10m 范围内，不得堆放氧气瓶、乙炔发生器、木料等易燃物品。作业后清理场地，灭绝火种，切断电源，锁好开关箱，消除焊料余热后，方可离开。

4）钢筋冷拉作业应按规定设置防护栏杆。

①在两端地锚外侧设置警戒区，装设防护栏杆及警告标志。严禁无关人员在此停留。操作人员在作业时必须离开钢筋至少 2m 以外。用配重控制的设施必须与滑轮匹配，并有指示起落的信号，没有指示信号时应有专人指挥。配重框提起时高度应限制在离地面 300mm 以内，配重架四周应有栏杆及警告标志。作业前应检查冷拉夹具，夹齿必须完好，滑轮、拖拉小车应润滑灵活，拉钩、地锚及防护装置应齐全牢固，确认良好后，方可作业。冷拉应缓慢、均匀进行，随时注意停车信号或见到有人进入危险区时，应立即停拉，并悄悄放松卷扬钢丝绳。

②采用延伸率控制的装置，必须装设明显的限位标志，并要有专人负责指挥。夜间工作照明设施，应设在张拉危险区外，如必须装设在场地上空时，其高度应超过 5m，灯泡应加防护罩，导线不得用裸线。作业后，应放松卷扬机绳，落下配重，切断电源，锁好开关箱。

5）机械传动部位应设置防护罩：明露的机械传动部位应有牢固、适用的防护罩，防止物料带入，保障作业人员的安全。

（5）电焊机

1）电焊机安装完毕后应按规定履行验收程序，并应经责任人签字确认。

电焊机进场应经有关部门组织进行检查验收，并记录存在的问题及改正后的结果，确认合格后才准使用。电焊机安装后，各部件应完整无缺，有完整的防护外壳和符合要求的电气装置，有关人员参加验收，试机合格后，在验收合格单上签字齐全后方可使用。其中"电焊机安装安全验收记录"的具体内容参见表 10-5。

电焊机安装安全验收记录（示例）　　　　　　　表 10-5

施工现场名称			项目经理		
机具（设备）名称、型号	电焊机	台数	1	验收日期	
设备编号		参加验收人员			

序号	安装安全标准	验收记录
1	作业场地采用混凝土硬化，有排水措施，不积水	混凝土硬化，排水畅通，不积水
2	一、二次接线柱处防护罩齐全、有效	齐全、有效
3	有安全操作规程，警示标志齐全	有安全操作规程
4	设专人负责管理，操作者持证上岗，穿戴防护用品齐全	专人管理，持证上岗，防护用品齐全
5	装设二次空载降压保护器、漏电保护器，用断路器接通电源（控制）	符合规定
6	一次线长度≤5m，焊把、焊把线绝缘良好，焊把线长度≤30m，无接头	符合规定

序号	安装安全标准	验收记录
7	开关箱与设备距离≤3m，箱内电气（漏电保护）设置、配电线路绝缘电阻符合规定	符合规定
8	开关箱及设备必须做保护接零，且保护接零设置可靠、符合规定	保护接零设置可靠、符合规定
9	焊接场所周围环境安全，无易燃易爆物品	符合规定
10	专机专人，无人操作时及时切断电源，开关箱关门上锁	采用了归口责任管理办法
11	设备安装坚实、稳固，自带配电线路、电器等绝缘电阻符合要求	符合要求
12	设备为租赁时，合同中应约定各自的安全生产管理职责	已经进行了约定
验收结论	经检查，电焊机安装符合《建筑施工安全检查标准》JGJ 59—2011 及有关安全技术规范、要求的规定，安装验收合格，同意使用 验收人员签字：	

2）保护零线应单独设置，并应安装漏电保护器，无人操作时应切断电源。

①设备外壳应做保护接零（接地），开关箱中漏电保护器的额定漏电动作电流不应大于 30mA，额定漏电动作时间不应大于 0.1s；使用于潮湿或有腐蚀介质场所的漏电保护器应采用防溅型产品，其额定漏电动作电流不应大于 15mA，额定漏电动作时间不应大于 0.1s。

②焊接变压器的二次线圈一端接地或接零时，则焊件本身不应再接地，也不应再接零，否则，一旦焊接回路接触不良，则二次焊接电流可能会通过焊件本身的接地线（接零线）将接地线（接零线）熔断，严重威胁人身安全并引起火灾。因此规定，凡是在有接地（接零）线的工件上焊接时，应将焊件上的接地线（接零线）暂时拆除，焊完后再恢复。在焊接与大地紧密相连的工件时，若焊件本身接地，且接地电阻小于 4Ω，则应将电焊机二次线圈一端的接地线（接零线）的接头暂时解开，焊完后再恢复。总之，变压器二次端与焊件不应同时存在接地（接零）装置。

③为了防止高压窜入低压造成触电危害，交流电焊机二次侧应当接零（接地）。但必须注意二次侧接焊钳的一端是不允许接零（接地）的，以免出现危险的电流。因此，正确的接法是将二次侧接工件的一端接零（接地）。为了避免有害电流，焊接时最好把焊件与大地隔开。

3）电焊机应设置二次空载降压保护装置。

①空载降压保护装置：当弧焊变压器处于空载状态时，可使其电压降到安全电压值以下，当启动焊接时，焊机空载电压恢复正常。不但保障了作业人员的安全，同时由于切断了空载时焊机的供电电源，降低了空载损耗，起到了节约电能的作用。

②SJF 节能型电弧焊机防触电安全保护装置（LF 型）：是将电弧焊机输入端加装的漏电保护器和输出端空载降压保护装置合二为一而设计的一种安全保护装置，本安全保护装置内的漏电保护器为纯电磁式漏电保护器，抗电磁干扰能力强，特别适用于具有强电感性负载的电弧焊机，对电弧焊机的输入端的漏电和输出端的防触电具有安全保护功能，同时也具有空载节电的效果。适用于电弧焊机输入端没有加装漏电保护器的场所。

③SJF 节能型电弧焊机防触电安全保护装置（F 型）：是具有电弧焊机输出端空载降

压的一种保护装置，同时也具有空载节电的效果。适用于电弧焊机输入端已经加装漏电保护器的场所。

4) 电焊机一次侧安装空载降压保护装置：

①电焊机一次线长度不得超过 5m，且最好穿管保护，与焊机接线柱连接后，上方应设防护罩防止意外碰触；电焊机应使用单独的开关箱，电焊作业时应戴好电焊手套，并穿好绝缘鞋。

②交流电焊机实际上就是一台焊接变压器，由于一次线圈与二次线圈相互绝缘，所以一次侧加装漏电保护器后，并未减轻二次侧的触电危险。

③二次侧具有低电压、大电流的特点，以满足焊接工作的需要。二次侧的工作电压只有 20 多伏，但为了引弧的需要，其空载电压一般为 45～80V（高于安全电压），所以要求电焊工人戴帆布绝缘手套、穿胶底绝缘鞋，防止电弧熄灭和换焊条时发生触电事故。

④由于作业条件的变化，管理上存在问题，空载电压引起的触电死亡事故屡有发生，所以要求弧焊变压器一次侧加装防触电装置，由于此种装置能把二次侧空载电压降到安全电压以下（一般低于 24V，特殊环境可低于 12V），因此完全能防止此类事故发生。

5) 焊接机械的二次线：二次线应采用防水橡皮护套铜芯软电缆。

①宜采用 YHS 型橡皮护套铜芯软电缆，电缆的长度不应大于 30m，并不准有接头。接头处往往由于包扎达不到电缆原有的防潮、抗拉、防机械损伤等性能，所以接头处不但有触电的危险，同时由于电流大，接头片过热，接近易燃物容易引起火灾。

②当焊接机械的二次线通过道路时，必须架高或穿入保护管内埋设在地下；当通过轨道时，必须从轨道下面通过。当导线绝缘受损、破皮或断股时，应立即更换。

③电焊机导线应具有良好的绝缘性能，绝缘电阻不得小于 1MΩ，不得将电焊机导线放在高温物体附近。电焊机导线和接地线不得搭在易燃、易爆和带有热源的物品上，接地线不得接在管道、机械设备和建筑物的金属结构、管道、轨道或其他金属物体上，以免形成焊接回路。

6) 电焊机应设置防雨罩，接线柱应设置防护罩。

电焊机应设置在地势较高且平整的地方，并有防雨、防潮、防晒、防坠棚措施。接线柱应设置防护罩，并备有灭火器材。晚上进行电焊作业，应当采取有效的遮蔽光照措施，避免光照直射居民住宅。

（6）搅拌机

1) 搅拌机安装完毕后应按规定履行验收程序，并应经责任人签字确认。

①购买的搅拌机应有合格证，设备进场后应经有关部门验收合格并有记录。搅拌机安装完毕后应检查滚筒、仪表、指示器、离合器、制动器、钢丝绳、料斗、保险挂钩、防护罩等是否齐全，并试机运转，合格后应按规定履行验收程序，并应经责任人签字确认。

②"搅拌机安装安全验收记录"具体内容详见表 10-6。

2) 保护零线应单独设置，并应安装漏电保护器，无人操作时应切断电源。

设备外壳应做保护接零（接地），开关箱中漏电保护器的额定漏电动作电流不应大于 30mA，额定漏电动作时间不应大于 0.1s；使用于潮湿或有腐蚀介质场所的漏电保护器应采用防溅型产品，其额定漏电动作电流不应大于 15mA，额定漏电动作时间不应大于 0.1s。

搅拌机安装安全验收记录（示例）　　　　　　　表 10-6

施工现场名称			项目经理		
机具（设备）名称、型号		搅拌机（JDY350）	台数	1	验收日期
设备编号			参加验收人员		

序号	安装安全标准	验收记录
1	作业场地采用混凝土硬化，有排水措施，设置沉淀池，且能有效使用	混凝土硬化，排水畅通，有沉淀池
2	离合器、制动器灵敏可靠，操作手柄有保险装置	灵敏可靠，操作手柄有保险装置
3	防护棚搭设应符合防砸、防雨、防噪声（围挡严密）的要求，有安全操作规程	符合要求，有安全操作规程
4	传动部位防护罩、料斗保险挂钩齐全、有效，能正确使用，警示标志齐全	齐全、有效，专人管理，使用正确
5	钢丝绳的规格、质量、缠绕圈数及端部固定符合规定，钢丝绳润滑良好	符合规定
6	作业平台平稳、牢固，操作方便，能与地良好绝缘	平稳、牢固，与地良好绝缘
7	开关箱与设备距离≤3m，箱内电气（漏电保护）设置、配电线路绝缘电阻符合规定	符合规定
8	开关箱及设备必须做保护接零，且保护接零设置可靠、符合规定	保护接零设置可靠、符合规定
9	灭火器配置齐全，规格与类型符合规定	符合规定
10	专机专人，无人操作时及时切断电源，开关箱关门上锁	采用了归口责任管理办法
11	设备安装坚实、稳固，自带电线路、电器等绝缘电阻符合要求	符合要求
12	设备为租赁时，合同中应约定各自的安全生产管理职责	已经进行了约定
验收结论	经检查，搅拌机安装符合《建筑施工安全检查标准》JGJ 59—2011 及有关安全技术规范、要求的规定，安装验收合格，同意使用 验收人员签字：	

3）离合器、制动器应灵敏有效，料斗钢丝绳的磨损、锈蚀、变形量应在规范允许范围内。

4）料斗应设置安全挂钩或止挡装置，传动部位应设置防护罩。

①料斗应有保险挂钩。作业后或维修时，应将料斗降落到料斗坑内，如需升起则应用链条（挂钩）扣牢。如料斗在较长时间停止在料架中间，应插住插锁，挂牢挂钩。

②传动部位应有防护罩。向搅拌筒内加料应在搅拌筒达到正常运转速度后进行；添加新料必须先将搅拌机内原有的混凝土全部卸出后才能进行。不得中途停机或在满载荷时启动搅拌机。

5）搅拌机应按规定设置作业棚，并应具有防雨、防晒等功能。

露天使用的搅拌机应有作业棚。搅拌机作业场地要有良好的排水条件，机械近旁应有水源，作业棚内应有良好的通风、采光及防雨、防冻条件，并不得积水。固定式机械要有可靠的基础，用支架或支脚筒架稳，不准以轮胎代替支撑。移动式机械应在平坦坚硬的地坪上用方木或支架架牢，并保持水平。固定式搅拌机的操纵台应牢固安全，操作人员能看到各部工作情况，仪表、指示信号准确可靠，电动搅拌机的操纵台应垫上橡胶板或干燥木板。

（7）气瓶

1）气瓶使用时必须安装减压器，乙炔瓶应安装回火防止器，并应灵敏可靠。

2）检查使用的气瓶有无标准色标：各种气瓶均应有不同的标准色标，设备进场后应经有关部门验收压力容器的生产许可证、产品合格证并有记录。

①各种气瓶标准色应为：氧气瓶为天蓝色瓶、黑字，乙炔瓶为白色瓶、红字，氢气瓶为绿色瓶、红字，液化石油气瓶为银灰色瓶、红字。

②"气瓶使用安全验收记录"的具体内容可参考表 10-7。

气瓶使用安全验收记录（示例）　　　　　表 10-7

施工现场名称			项目经理			
机具（设备）名称、型号		氧气瓶、乙炔瓶	台数	1	验收日期	
设备编号		参加验收人员				
序号	安装安全标准				验收记录	
1	气瓶色标符合标准规定				氧气瓶漆色为天蓝色、黑色字样；乙炔瓶漆色为白色、红色字样	
2	气瓶间距≥5m，距明火应≥10m，否则应采取防护隔离措施				符合规定	
3	乙炔瓶使用或存放时必须立放，有防倾倒措施，严禁平放				符合规定	
4	氧气瓶的瓶阀及其附件不得沾油脂				使用设专人监督管理，符合规定	
5	气瓶运输必须符合有关规范规定				符合规定	
6	气瓶必须设防震圈和防护帽				符合规定	
7	气瓶为租赁时，合同中应约定各自的安全生产管理职责				已进行了约定	
8	气瓶存放场地灭火器配置齐全，规格与类型符合规定，警示标志齐全				符合规定	
9	气瓶存放场地周围环境必须安全，无易燃易爆物品，不得靠近热源和在阳光下暴晒；5级以上大风天气禁止明火作业				符合规定	
10	瓶内气体不得用尽，必须留有 0.1～0.2MPa 的余压；不得擅自更换气瓶色标				加强对使用者的教育，设专人检查	
11	检查气密性时，应用肥皂水。严禁使用明火检验				加强对使用者的教育，设专人检查	
12	氧气、乙炔胶管严禁有接头，不得混用；点火或停用时，操作方法符合规定				加强对使用者的教育，设专人检查	
验收结论	经检查，氧气瓶、乙炔瓶使用符合《建筑施工安全检查标准》JGJ 59—2011 及有关安全技术规范、要求的规定，验收合格，同意使用 验收人员签字：					

3）检查气瓶间距小于 5m、距明火小于 10m 时，有无隔离措施。

不同类的气瓶，瓶与瓶之间的距离不应小于 5m，气瓶与明火的距离不应小于 10m。当不能满足安全距离要求时，应有隔离防护措施。

4）气瓶运输必须符合有关规范规定，气瓶应设置防震圈、防护帽。

运输气瓶的车辆，不能同车运输其他物品，也不准一车同运两种气瓶。使用和运输过程中应随时检查防震圈的完好情况，为保护瓶阀，应装好瓶帽。

5）查看现场气瓶存放是否符合要求。

气瓶存放：施工现场应设置集中存放处，不同类的气瓶要有隔离措施，存放环境应符合安全要求，管理人员要经过培训，存放处应有安全规定和标志。零散存放的气瓶不能存放在住宿区和靠近油料、火源的地方。存放区应配备灭火器。

6）查看乙炔瓶使用或存放时是否有平放现象

①严禁放置在通风不良及有放射性射线的场所。且不得放在橡胶等绝缘体上。必须装设专用的减压器、回火防止器。瓶内气体严禁用尽，必须留有不低于规定的剩余压力（0.1～0.2MPa）。

②严禁与氧气瓶、氯气瓶及易燃物品同间储存。储存间应有专人管理，在醒目的地方应设置"乙炔危险"、"严禁烟火"的标志。

③禁止用起重设备的吊索直接拴挂气瓶。检查气密性时，应用肥皂水，严禁使用明火。

④乙炔瓶不应平放使用。

⑤乙炔瓶瓶体温度不准超过40℃，否则应采取有效的降温措施。夏季防暴晒，冬天解冻用温水（瓶阀冻结，严禁用火烘烤）。

⑥乙炔瓶的放置地点，重瓶与空瓶应分别存放，不得靠近热源和电器设备。

⑦禁止敲击、碰撞乙炔瓶。

（8）翻斗车

1）翻斗车制动、转向装置应灵敏可靠。

①翻斗车有机械式翻斗车、液压式翻斗车、铰接式翻斗车，设备进场后有关部门应验收生产许可证、产品合格证和说明书，并有记录。

②翻斗车制动装置应灵敏可靠。空载行驶当车速为20km/h，使离合器分离或变速器置于空挡，进行制动，测量从制动开始到停车的轮胎压印、拖印长度之和，应符合参数规定。

2）司机应经专门培训，持证上岗，行车时车斗内不得载人。

①翻斗车司机应经专门培训，考试合格，取得驾驶证方可驾车作业。行车时车斗内不得载人，在场地内作业，都应低速行驶；离车时，必须将内燃机熄灭，并挂挡拉紧手制动器。严禁无证驾驶。

②机动翻斗车除一名司机外，车上及斗内不准载人。翻斗车在卸料状态下不得行驶或进行平土作业。内燃机运转中或翻斗车内载荷时，严禁在车底下进行任何作业。行驶前必须将翻斗车锁牢，离机时必须将内燃机熄火，并挂挡拉紧手制动器。

③翻斗车安全检查中"翻斗车安全验收记录"的具体内容如表10-8所示。

（9）潜水泵

1）保护零线应单独设置，并应安装漏电保护器。

①设备应有合格证，进场后应经有关部门验收合格并有记录。工作地点30m水面不得有人进入；

翻斗车安全验收记录（示例） 表 10-8

施工现场名称			项目经理		
机具（设备）名称、型号	翻斗车		台数	1	验收日期
设备编号		参加验收人员			
序号	安装安全标准			验收记录	
1	照明灯、转向灯齐全、有效；发动机运转正常，无漏油、漏水、排污指标合格			齐全、有效；发动机运转和指标均正常	
2	离合器、制动器、转向灵敏可靠			灵敏可靠	
3	传动部位运转正常，防护装置齐全、可靠，警示标志齐全			齐全、可靠	
4	设专人负责管理，司机持证上岗，有安全操作规程			专人管理，司机持证上岗	
5	机容机貌整洁干净，维修养护及时，设备运转、维修、保养记录齐全			符合规定	
6	有安全监督管理部门颁发的准用证			有准用证，证号为×××	
7	停车场灭火器配置齐全，规格与类型符合规定			符合规定	
8	严禁行车载人或违章行车，有专人监督、检查、管理			已经签订了专项安全使用协议	
9	设备为租赁时，合同中应约定各自的安全生产管理职责			已经进行了约定	
验收结论	经检查，翻斗车符合《建筑施工安全检查标准》JGJ 59—2011 及有关安全技术规范、要求的规定，安装验收合格，同意使用 验收人员签字：				

②水泵的外壳必须做保护接零，开关箱中应安装动作电流不大于 15mA、动作时间小于 0.1s 的漏电保护器，负荷线应采用专用防水橡皮软线，不得有接头。

2）检查潜水泵保护装置是否灵敏，有无使用不合理的现象。

①水管结扎牢固。

②放气、放水、注油等螺塞均旋紧。

③叶轮和进水节无杂物。

④电缆绝缘良好。接通电源后，应先试运转，检查并确认旋转方向正确，在水外运转时间不得超过 5min。

⑤经常注意水位变化，叶轮中心至水平距离应在 0.5～3.0m 之间，泵体不得陷入污泥或露出水面。电缆不得与井壁、池壁相擦。

3）负荷线应采用专用防水橡皮电缆，不得有接头。

负荷线应采用专用防水橡皮电缆，不得有接头，泵的保护装置应稳固灵敏，应由专人使用，运转时操作人员不得离开。

4）"潜水泵安装安全验收记录"的主要内容可参见表 10-9。

（10）振捣器

1）振捣器作业时应使用移动配电箱，电缆线长度不应超过 30m。

设备进场后应经有关部门验收合格并有记录。振捣器作业时应使用单独移动开关箱，电缆线长度不应超过 30m。

2）保护零线应单独设置，并应安装漏电保护装置，无人操作时应切断电源。

潜水泵安装安全验收记录（示例） 表 10-9

施工现场名称			项目经理		
机具（设备）名称、型号		潜水泵	台数	1	验收日期
设备编号		参加验收人员			

序号	安装安全标准	验收记录
1	使用前必须进行外观检查，确认无损坏、转动部分无卡阻时方可使用	专人负责检查发放，有记录
2	必须进行绝缘电阻测试，确认合格后方可正式安装	已进行了绝缘电阻测试，有记录
3	安装与试运转过程必须设专人进行监控，警示标志齐全	明确专人进行监控，有监控记录
4	传动部位防护罩齐全、有效	齐全、有效
5	电源线采用 YHS 防水橡套电缆，长度不小于 1.5m，不得承受外力	符合规定
6	潜水泵已通电运转，不得下水作业时；有人在水中作业时，潜水泵不得通电	专人监控，严格遵守安全操作规程
7	开关箱与设备距离≤3m，箱内电气（漏电保护）设置、配电线路绝缘电阻符合规定	符合规定
8	开关箱及设备必须做保护接零，且保护接零设置可靠、符合规定	保护接零设置可靠、符合规定
9	设备安装稳固，自带配电线路、电器等绝缘电阻符合要求	符合要求
10	设备为租赁时，合同中应约定各自的安全生产管理职责	已经进行了约定
验收结论	经检查，潜水泵安装符合《建筑施工安全检查标准》JGJ 59—2011 及有关安全技术规范、要求的规定，安装验收合格，同意使用 验收人员签字：	

振捣器作业时应使用移动式配电箱，电缆线长度不应超过 30m，其外壳应做保护接零，并应安装动作电流不大于 15mA、动作时间小于 0.1s 的漏电保护器，

3）操作人员应按规定穿戴绝缘手套、绝缘鞋。

（11）桩工机械

1）桩工机械安装完毕后应按规定履行验收程序，并应经责任人签字确认。

桩工机械属大型机械，有柴油打桩机、蒸汽打桩机、振动沉拔桩机、强夯机械、螺旋钻孔机等。设备进场后，项目部机关部门应检查桩工机械的生产许可证、产品合格证等手续，验收合格并有记录。桩工机械安装完毕应按规定履行检测验收程序，检测合格取得准用证后经总包单位、桩机使用单位、监理单位共同验收合格后签字确认。

2）作业前应编制专项施工方案，并应对作业人员进行安全技术交底。

作业前施工单位应按桩机类型、场地条件并根据单位工程施工组织设计的要求，编制专项施工方案，由项目部审核、公司技术负责人会同相关部门审批、监理单位批准，并对作业人员进行安全技术交底。

3）桩工机械应按规定安装安全装置，并应灵敏可靠。

4）机械作业区域地面承载力应符合机械说明书要求。

机械作业区域地面承载力应符合机械说明书要求，施工场地应按坡度不大于 1％，地

耐力不小于 83kPa 的要求进行平整压实。

5）机械与输电线路安全距离应符合现行行业标准《施工现场临时用电安全技术规范》JGJ 46—2005 的规定。

6）检查"打桩机械安装安全验收记录"内容是否符合相关规定（见表 10-10）。

打桩机械安装安全验收记录（示例） 表 10-10

施工现场名称				项目经理		
机具（设备）名称、型号		打桩机	台数	1	验收日期	
设备编号			参加验收人员			
序号	安装安全标准				验收记录	
1	打桩作业施工方案齐全、有效，且必须办理批准手续				齐全、有效，且已经批准	
2	超高限位装置齐全、有效，警示标志齐全				齐全、有效	
3	有安全监督管理部门颁发的准用证，安全操作规程齐全				有准用证和安全操作规程	
4	电气装置齐全、完好、可靠				齐全、完好、可靠	
5	各部位螺栓紧固，部件完整，润滑良好，传动可靠				符合要求	
6	行走路线的地耐力符合使用说明书要求，作业区周围环境安全，且无高低压线路				经复核，符合使用说明书的要求	
7	开关箱与设备距离≤3m，箱内电气（漏电保护）设置、配电线路绝缘电阻符合规定				符合规定	
8	开关箱及设备必须做保护接零，且保护接零设置可靠、符合规定				保护接零设置可靠、符合规定	
9	专机专人，操作者持证上岗，无人操作时及时切断电源，开关箱关门上锁				采用了归口责任管理办法	
10	设备安装坚实、稳固，自带配电线路、电器等绝缘电阻符合要求				符合要求	
11	设备为租赁时，合同中应约定各自的安全生产管理职责				已经进行了约定	
验收结论	经检查，打桩机符合《建筑施工安全检查标准》JGJ 59—2011 及有关安全技术规范、要求的规定，安装验收合格，同意使用 验收人员签字：					

10.3 注意事项

施工机具在安全检查中的注意事项包括：

（1）平刨

1）注意平刨安装后应履行验收程序。

2）应设置护手安全装置。

3）传动部位应设置防护罩。

4）应做保护接零且应安装漏电保护器。

（2）圆盘锯

1）注意圆盘锯安装后要履行验收程序。

2）应设置锯盘护罩、分料器、防护挡板安全装置，同时传动部位应设置防护罩。

3）应做保护接零且应设置漏电保护器。

4）应设置安全作业棚。

5）不得使用多功能木工机具。

（3）手持电动工具

1）注意Ⅰ类手持电动工具应采取保护接零同时应设置漏电保护器。

2）使用Ⅰ类手持电动工具要按规定穿戴绝缘用品。

3）手持电动工具不得随意接长电源线。

（4）钢筋机械

1）注意钢筋机械安装后应履行验收程序。

2）应做保护接零同时应设置漏电保护器。

3）钢筋加工区应设置作业棚，钢筋对焊作业区需采取防止火花飞溅措施且冷拉作业区应设置防护栏板。

4）传动部位应设置防护罩。

（5）电焊机

1）注意电焊机安装后要履行验收程序。

2）应做保护接零同时要设置漏电保护器。

3）应设置二次空载降压保护器。

4）一次线长度不得超过规定同时要进行穿管保护。

5）二次线要采用防水橡皮护套铜芯软电缆。

6）二次线长度不得超过规定，绝缘层不得老化。

7）电焊机应设置防雨罩，接线柱应设置防护罩。

（6）搅拌机

1）注意搅拌机安装后要履行验收程序。

2）应做保护接零且应设置漏电保护器。

3）离合器、制动器、钢丝绳的磨损、锈蚀、变形量应在规范允许范围内。

4）上料斗应设置安全挂钩或止挡装置。

5）传动部位应设置防护罩。

6）应设置安全作业棚。

（7）气瓶

1）注意气瓶应安装减压器。

2）乙炔瓶应安装回火防止器。

3）气瓶间距小于5m或与明火距离小于10m时需采取隔离措施。

4）气瓶应设置防震圈和防护帽。

5）气瓶存放要符合要求。

（8）翻斗车

1）注意翻斗车制动、转向装置应灵敏可靠。

2）驾驶员应持证上岗。

3）行车时车斗内不得载人，严禁违章行车。

（9）潜水泵

1）注意应做保护接零同时应设置漏电保护器。

2）负荷线应使用专用防水橡皮电缆。

3）负荷线不得有接头。

（10）振捣器

1）注意应做保护接零且应设置漏电保护器。

2）应使用移动式配电箱。

3）电缆线长度不得超过 30m。

4）操作人员应穿戴绝缘防护用品。

（11）桩工机械

1）注意机械安装后要履行验收程序。

2）作业前应编制专项施工方案且应按规定进行安全技术交底。

3）安全装置应按规定设置齐全并应灵敏可靠。

4）机械作业区域地面承载力应符合规定要求同时要采取有效硬化措施。

参 考 文 献

[1] 天津市建工工程总承包有限公司等. 建筑施工安全检查标准 JGJ 59—2011[S]. 北京：中国建筑工业出版社，2012.

[2] 李坤宅. 建筑施工安全检查标准实施手册(第二版)[M]. 北京：中国建筑工业出版社，2010.

[3] 上海市建设工程安全质量监督总站等. 建筑施工安全检查标准——上海市建设工程实施手册[M]. 上海：同济大学出版社，2012.

[4] 张瑞生. 建筑工程质量与安全管理[M]. 北京：科学出版社，2011.

[5] 中国建筑工业出版社. 建筑施工安全规范[S]. 北京：中国建筑工业出版社，2008.

[6] 代洪卫，黄志安. 建筑工程安全技术交底：范本选用指南[M]. 长沙：湖南大学出版社，2010.

[7] 廖亚立. 建设工程安全管理小全书[M]. 哈尔滨：哈尔滨工程大学出版社，2009.

[8] 李坤宅. 建筑施工安全资料手册(第二版)[M]. 北京：中国建筑工业出版社，2008.

[9] 钟汉华. 建筑施工技术[M]. 北京：化学工业出版社，2009.

[10] 筑龙网. 建设工程安全技术交底范例 1000 篇[M]. 沈阳：辽宁科学技术出版社，2010.

[11] 郭晓霞，李明. 建筑施工技术[M]. 武汉：武汉理工大学出版社，2011.

[12] 北京建设工程安全质量监督总站. 建筑施工安全检查指南[M]. 北京：中国建筑工业出版社，2012.